Gary Chalom Cohen

# La sanctification du mois

**Traduction commentée du traité
Hilkhoth kiddouch hahodech
du Michné Thora de Maïmonide**

**Gary Chalom Cohen**

*La sanctification du mois*

ISBN : 9798548661821

Copyright détenu par l'auteur

Manuscrit achevé en Octobre 2021

Couverture : Israël Elmkies – Cedesign17@gmail.com

## Table des chapitres

*Avant-propos* ................................................................................... p. III

*Chapitre premier – Définition du mois juif* ................................. p. 1

*Chapitre deux – La sanctification du mois* ................................. p. 5

*Chapitre trois – Témoins et émissaires du nouveau mois* .......... p. 9

*Chapitre quatre – Définition du mois juif* .................................. p. 15

*Chapitre cinq – Les jours de fête à notre époque* ...................... p. 21

*Chapitre six – Fondements du calendrier hébraïque* ................. p. 25

*Chapitre sept – Détermination du premier jour de l'année juive* ....... p. 30

*Chapitre huit – La succession des mois* ..................................... p. 33

*Chapitre neuf – Calcul des saisons* ............................................ p. 37

*Chapitre dix – Un autre calcul des saisons* ................................ p. 44

*Chapitre onze – Introduction aux calculs astronomiques* .......... p. 47

*Chapitre douze – Position moyenne du soleil* ............................ p. 56

*Chapitre treize – Position vraie du soleil* ................................... p. 61

*Chapitre quatorze – Trajectoires de la lune* ............................... p. 66

*Chapitre quinze – Position vraie de la lune* ............................... p. 69

*Chapitre seize – Position de la lune par rapport au soleil* ......... p. 73

*Chapitre dix-sept – Derniers calculs* .......................................... p. 81

*Chapitre dix-huit – Ajustement des mois* ................................... p. 92

*Chapitre dix-neuf – Direction de la lune à l'horizon* .................. p. 97

## *Table des annexes*

*Annexe 1* ............................................................................... *p. 105*

*Annexe 2* ............................................................................... *p. 107*

*Annexe 3* ............................................................................... *p. 109*

*Annexe 4* ............................................................................... *p. 112*

*Annexe 5* ............................................................................... *p. 116*

*Annexe 6* ............................................................................... *p. 117*

*Annexe 7* ............................................................................... *p. 118*

*Annexe 8* ............................................................................... *p. 124*

*Annexe 9* ............................................................................... *p. 127*

*Annexe 10* ............................................................................. *p. 129*

ב"ה

## *Avant-propos*

*Pour le monde Juif, Maïmonide (1138-1204, désigné comme le RaMBaM, initiales de son nom, Rabbi Moché Ben Maïmon) est avant tout l'auteur de son magistral traité de Loi Juive, le Michné Thora[1]. Cet ouvrage monumental, rédigé dans un hébreu limpide et précis[2], est le fruit de sa connaissance encyclopédique du Talmud. Il est aussi l'auteur du célèbre Guide des Égarés[3], d'un commentaire de la Mishna[4], tous deux rédigés en arabe puis traduits en hébreu, et de nombreux autres écrits.*

*Pour le profane, Maïmonide est le « médecin de Cordoue », reconnu pour son savoir médical qui lui valut de devenir le médecin attitré de la famille du sultan Saladin. Cependant, outre la médecine dont il fit son métier, Maïmonide a montré de solides connaissances en mathématiques, en astronomie et en science en général.*

*La « Sanctification du mois » (Kiddouch hahodech), qui est le huitième traité du troisième des quatorze livres du Michné Thora[5], le « Livre des temps » (Séfer zémanim) – et qui traite de la difficile détermination du calendrier juif[6] – est au confluent des connaissances religieuses et profanes de ce grand maître. En effet, dans une première partie, sont exposées les bases des enseignements bibliques et talmudiques sur lesquelles se fondait le Sanhédrin de Jérusalem pour déterminer les mois et les années, lorsque ceux-ci dépendaient de deux témoins qui avaient vu la lune apparaître. Puis Maïmonide donne une méthode simple et détaillée pour fixer le calendrier juif selon les règles*

---

[1] Ce traité, qui est le premier des codes de la Loi Juive, a la particularité de légiférer sur tous les 613 commandements divins énoncés dans le Pentateuque (et ceux promulgués par nos Sages), alors que les codes ultérieurs ne s'intéressent qu'aux lois applicables dans l'exil (au nombre de 87).

[2] Qualifié de « langage d'or » par les générations suivantes et qui fut un modèle de morphologie et de syntaxe dont s'inspirera l'hébreu moderne.

[3] Qui fut l'objet d'une controverse à son époque, mais est maintenant reconnu par tous.

[4] Ouvrage rédigé par Rabbi Yéhouda Hanassi au début du troisième siècle, qui est la première mise par écrit de la partie de la Loi Juive transmise par oral jusqu'alors. Il est à la base des discussions rapportées dans la Guémara. Le Talmud est la somme de ces deux ouvrages.

[5] Ou le dix-neuvième des quatre-vingt-trois traités du Michné Thora.

[6] Difficile car ce calendrier tient en même temps compte des cycles lunaire et solaire.

énoncées par Hillel II vers 360 et qui ont force de loi jusqu'à nos jours. Derrière cette simplicité, se cachent en fait de nombreux calculs non évidents qui révèlent les talents mathématiques de l'auteur.

Mais Maïmonide ne s'arrête pas là. Il entreprend, du onzième au dix-neuvième et dernier chapitre, un exposé didactique de la façon dont le Sanhédrin calculait les positions du soleil et de la lune pour savoir quel soir celle-ci était visible, afin de s'assurer que les témoignages étaient plausibles. Cela, pour que « celui qui a un esprit logique, dont le cœur est avide de sujets scientifiques et veut en percer les secrets... ne soit pas tenté de chercher cette connaissance dans d'autres ouvrages[7] ». Dans cette dernière partie, Maïmonide fait preuve d'un impressionnant savoir en astronomie et en géométrie de l'époque, mais aussi d'une remarquable capacité à vulgariser ces notions de façon à ce qu'elles « puissent être complètement assimilées par des enfants étudiant chez un maître en trois ou quatre jours ».

S'il est vrai que Maïmonide pouvait se fonder sur l'Almageste de Ptolémée[8], d'abord écrit en grec, puis traduit en arabe, cet ouvrage n'était cependant pas d'un accès immédiat et était, à l'époque (voire de nos jours), réservé à une élite.

On trouve un certain nombre d'éditions hébraïques commentées de ces lois[9], mais les commentaires sont pour la plupart rédigés par des érudits en Talmud qui ne se sont en général pas préoccupés des notions scientifiques sous-jacentes aux lois énoncées dans ce traité[10]. Dans un texte (intitulé « Otam bémoadam ») commenté par un ingénieur, on trouve des calculs mathématiques expliquant les différentes tables données par Maïmonide. Toutefois, les commentaires ne mettent pas en

---

[7] On pourrait rapprocher cette démarche à celle qui a poussé Maïmonide à écrire le Guide des égarés. En effet, cet ouvrage, écrit pour l'un de ses disciples, avait pour but de montrer que la philosophie – qui fascinait les jeunes intellectuels de l'époque – pouvait être développée dans le cadre de la tradition juive.
[8] Claude Ptolémée (env. 100 – env. 164) est un astronome, astrologue, mathématicien et géographe grec qui vécut à Alexandrie et dont l'ouvrage sur l'astronomie fut une référence jusqu'à la renaissance. Maïmonide utilise aussi quelques résultats postérieurs à Ptolémée.
[9] Je n'ai pas connaissance d'ouvrage en anglais de ce type.
[10] Paradoxalement, c'est le plus vieux commentaire de ces lois – le Pérouch – qui m'a été le plus utile pour comprendre certaines affirmations complexes ou a priori injustifiées de Maïmonide.

## Avant-propos

*regard les données de Maïmonide et celles de l'astronomie moderne[11]. Quoi qu'il en soit, il n'existe pas, à ma connaissance, de traduction française commentée de ces lois.*

*Cet ouvrage – qui est un tiré-à-part d'une commande de cette traduction commentée pour l'édition française complète du Michné Thora[12] – m'a demandé près de deux ans de travail (à mi-temps, confinement inclus). Cette traduction commentée venait remplir deux manques : l'existence d'un ouvrage en français de ce type et la rédaction d'un système de notes permettant de comparer les données de Maïmonide[13] aux connaissances actuelles.*

*En progressant dans mon travail, je me suis aperçu que je rédigeais une sorte de réhabilitation de la science des anciens. En effet, combien de fois a-t-on présenté les travaux de Ptolémée et des astronomes qui ont précédé Kepler et Copernic comme des résultats sans importance, voire complètement faux. La lecture (partielle) de l'Almageste et des données de Maïmonide m'a montré la grandeur de ces hommes de science qui, sans aucun des puissants moyens d'observation et de calcul que nous avons, ont dressé des tables de données précises jusqu'à la sixième décimale ! Et si leurs calculs sont faits dans un référentiel géocentrique[14] et utilisent des modèles[15] géométriques différents des nôtres, ils n'en restent pas moins très proches des résultats contemporains et sont transposables au référentiel héliocentrique utilisé depuis Copernic.*

*Dans ce document, deux systèmes d'explications se trouvent en parallèle. D'une part, les notes viennent donner le sens immédiat du*

---

[11] De plus, les résultats sont obtenus par des méthodes trigonométriques anciennes (nombre de ses calculs se feraient bien plus simplement (et sans approximation) en utilisant la géométrie analytique et le produit scalaire dans l'espace). Enfin, la longueur des explications et le renvoi permanent d'une note à une autre rendent difficile la lecture de cet œuvre pourtant très pertinente.

[12] Qui doit être éditée par le Beth Loubavitch.

[13] Et, par ricochet, de Ptolémée et de ses successeurs.

[14] La notion de référentiel et les définitions qui s'y rattachent sont données dans l'Annexe 1. Le référentiel géocentrique n'est plus utilisé aujourd'hui pour des raisons de commodité (les mouvements des planètes sont plus simples à décrire dans le référentiel héliocentrique) et de modélisation physique (la descriptions des forces appliquées aux planètes n'est cohérent que dans le référentiel héliocentrique).

[15] Dans le langage scientifique, un modèle désigne une formulation mathématique (géométrique dans notre cas) d'un phénomène physique (ou autre).

texte et les modèles algébriques et géométriques sous-jacents aux énoncés de Maïmonide. D'autre part, l'approfondissement des notions les plus complexes et les points de vue scientifiques ont été donnés en annexe. Il est évident que ces explications ne sont pas parfaites et que certaines zones d'ombre subsistent. En particulier, le sens des calculs menés dans le dix-septième chapitre reste énigmatique et toutes mes recherches et des discussions avec des scientifiques bien plus qualifiés que moi[16] n'ont pas réussi à enlever le voile de cette énigme. Mais, quoi qu'il en soit, je crois que cet ouvrage est le fruit d'une démarche originale et j'espère qu'il aidera à comprendre les paroles de Maïmonide.

Ce travail n'aurait pas été possible sans de nombreux outils informatiques qui sont à notre disposition de nos jours. En effet, sans internet[17], je n'aurais jamais pu acquérir la solide culture astronomique indispensable à comprendre les notions développées par Maïmonide. De plus, j'ai eu à ma disposition une batterie de logiciels et d'applications qui m'ont permis de mener à bien les calculs, de tracer les figures avec précision et d'obtenir les simulations qui se trouvent dans les commentaires.

Traduire un texte de loi juive n'est pas chose aisée. En effet, à cette discipline se rattache une multitude de termes techniques qui n'ont quelquefois pas d'équivalent en français. Dans les traductions habituelles, il arrive que même les mots traduisibles soit donnés en transcription plutôt qu'en utilisant leur traduction française. Cela vient sans doute du fait que certaines traductions peuvent prêter à confusion. Ainsi, le « le Nouvel An » en français fait référence au premier janvier et non à « Roch Hachana » qui a lieu au début de l'automne. J'ai quand même décidé d'utiliser le Nouvel An en lui rajoutant le qualificatif Juif pour enlever toute équivoque. Il en va de même pour d'autres notions au sens ambivalent.

Quand aux termes techniques qui n'ont pas d'équivalent français, j'ai choisi de les traduire par une courte périphrase explicative chaque fois que je l'ai pu. Par exemple, j'ai préféré dire « apparition de la lune » plutôt que « molad »[18]. Ma démarche a été motivée par le souci d'éviter le « franbreu »[19] trop souvent utilisé dans la littérature juive religieuse.

---

[16] À mon grand étonnement, je me suis aperçu que ni le soleil, ni la lune (ni même notre système solaire) n'intéressent vraiment les astrophysiciens de nos jours. Ils sont plutôt préoccupés par les exoplanètes ou les trous noirs. De ce fait, leur connaissance des mouvements de la lune est assez limitée.
[17] Et – il faut l'avouer – un ouvrage de vulgarisation.
[18] De plus, comme nous le verrons dans le texte, ce mot hébraïque est lui-même équivoque. En effet, il peut en même temps désigner – selon le

## Avant-propos

*Un dernier point : ce texte a été traduit – dans la mesure du possible – quasiment mot-à-mot. Cependant, je me suis permis d'ajouter de temps à autre un terme ou une phrase qui rendent soit plus compréhensible, soit plus élégante[20], cette traduction. Ces ajouts sont signalés par des crochets. De plus, certaines courtes explications ont été mises dans le texte entre parenthèses plutôt qu'en note. Enfin, j'ai ajouté des titres aux chapitres qui ne figurent pas dans la version originale.*

*Il ne me reste plus qu'à remercier tous les amis qui m'ont aidé dans la difficile rédaction de ce document. D'abord, Rav Binyamine Apelbaum qui m'a commandité cette traduction commentée. Puis, S. Bouhnik, qui m'a fait découvrir l'édition Amazon KDP[21] et qui m'a éclairé de ses vastes connaissances sur le calendrier juif[22], R.-D. Lassery et P. Kamoun, qui se sont penchés avec moi sur différents points d'astrophysique, C. Guez, qui a pris le temps d'éplucher minutieusement mon manuscrit et enfin le professeur F. Koskas pour sa lecture critique de mon livre. Mes remerciements ne seraient pas complets si je ne remerciais pas mon petit-fils Israël Elmkies pour sa magnifique couverture, mon épouse Yaffa pour son soutien et tous ceux qui ont rendu possible l'édition de ce tiré-à-part.*

***Gary Chalom Cohen***
*8 Marheschvan 5782 – 14 octobre 2021*

---

contexte – le moment où la lune rejoint le soleil ou le moment où celle-ci commence à apparaître, c'est-a-dire, un ou deux jours après.
[19] Ce néologisme de mon invention désigne le dialecte franco-hébreu trop souvent utilisé dans ce genre d'ouvrage et qui – outre son caractère dissonant – s'adresse uniquement à un public averti.
[20] En ajoutant entre autres des adverbes, qui sont peu courants dans la langue hébraïque.
[21] Ou Kindle Direct Publishing. Outil d'édition quasi-révolutionnaire proposé par Amazon.
[22] Il est d'ailleurs l'auteur du livre : « Les mathématiques du calendrier juif : Aspects mathématiques, algorithmiques et statistiques du calendrier juif », publié chez Amazon KDP en février 2021.

# Chapitre Premier

## *Définition du mois juif*

1. Les mois de l'année sont des mois lunaires car il est écrit[1] : « l'holocauste du mois en son mois[2] » et un autre verset dit[3] : « ce mois-ci est pour vous le premier des mois ». Nos sages ont ainsi expliqué : le Saint-Béni-soit-Il a montré à Moïse, dans une vision prophétique, une forme de lune et lui a dit : « Tu sanctifieras le mois lorsque tu la verras ainsi ». Par contre, le années que nous comptons sont des années solaires car il est écrit[4] : « Garde le mois du printemps[5] ».

2. Combien de jours l'année solaire comporte-t-elle de plus que l'année lunaire ? Environ onze jours. Pour cette raison, lorsque ces onze jours s'ajoutent de façon à former un peu plus ou un peu moins de trente jours, on fait une année de treize mois, appelée « année embolismique[6] ». En effet, il est impossible qu'une année soit

---

[1] Nombres 28:14.
[2] Un holocauste (*ola* en hébreu) est un sacrifice qui est entièrement brûlé sur l'autel extérieur du Temple, contrairement aux autres sacrifices dont seules les entrailles étaient brûlées et la chair était mangée par les prêtres voire aussi par ceux qui les apportaient. Sa traduction française est d'ailleurs composée de deux mots grecs signifiant « entièrement ('ολος) brûlant (καυστικος) ». Un tel sacrifice était apporté – entre autres – au début de chaque mois. Le mois en hébreu se dit *hodech*, dont la racine est *hadach*, qui signifie « nouveau ». Pour cette raison, les commentateurs traduisent « en son mois » par « en sa nouveauté », ce qui montre que le mois est lié au renouvellement de la lune.
[3] Exode 12:2.
[4] Deutéronome 16:1.
[5] Ce verset fait référence à la Pâque Juive qui commence le quinze du premier mois (voir note 18). Le fait que ce mois soit toujours au printemps implique que l'année juive suive le cycle solaire. Il faut donc veiller à ce que les saisons ne soient pas décalées, ce qui arriverait si l'année était lunaire, c'est-à-dire si elle comportait toujours douze mois lunaires, comme nous le verrons par la suite. Dans une moindre mesure, il n'est pas non plus évident de garder le mois du printemps dans un calendrier solaire, à cause de la précession des équinoxes (voir note 7 du chapitre 12). Ces deux facteurs imposent une contrainte importante au calendrier juif.
[6] Ce terme savant est la traduction canonique du mot hébraïque *méoubéreth* dont le sens littéral est « enceinte ». Sa racine est « embolismus » en latin ou « εμβολισμος » en grec, mots qui signifient « intercalaire ».

composée de douze mois et quelques jours car il est écrit[7] : « pour les mois de l'année ». Tu compteras des mois de l'année et non des jours.

3. La lune disparaît chaque mois et reste cachée environ deux jours. Près d'un jour lorsqu'elle rejoint le soleil[8] à la fin du mois et près d'un jour lorsqu'elle le dépasse pour apparaître le soir à l'Ouest[9]. Le soir où elle réapparait à l'Ouest après sa disparition est le début du mois à partir duquel on compte vingt-neuf jours[10]. Si la lune réapparaît le soir[11] du trentième jour, ce jour sera le premier du mois suivant. Si elle ne réapparaît pas ce soir-là, le trente-et-unième jour sera le premier jour du mois [suivant] et le trentième jour fera partie du mois précédent[12]. Il n'est pas nécessaire de voir la lune le soir du trente-et-unième jour – qu'elle soit visible ou non – car un mois ne peut excéder trente jours.

---

[7] Exode 12:2.
[8] Ce phénomène est appelé « néoménie » ou « syzygie ». Comme nous le verrons dans le chapitre 16, paragraphe 11, lorsque la lune disparaît, elle se trouve entre le soleil et la terre, légèrement décalée par rapport à l'axe terre-soleil (lorsqu'elle est sur cet axe, on est dans une situation d'éclipse du soleil), dans un plan qui passe par les centres de la terre, du soleil et de la lune, perpendiculaire au plan qui contient l'orbite de la terre autour du soleil, appelé « écliptique » (Figure 1.1) (voir note 6 du chapitre 12).

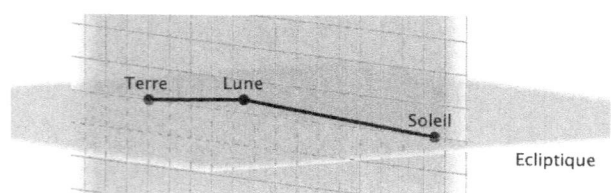

Figure 1.1 : position de la lune lorsqu'elle disparaît

[9] Ce phénomène sera détaillé dans le chapitre 19. Voir aussi Figures A-12 et A-27.
[10] Le nouveau mois juif est donc différent de la néoménie (note 8) car il commence un ou deux jours après que la lune ait rejoint le soleil.
[11] C'est-à-dire la veille au soir car, dans le calendrier juif, la nuit précède le jour.
[12] Ces deux possibilités viennent du fait que, comme nous le verrons, le mois lunaire est de vingt-neuf jours et quelques heures. C'est l'accumulation de ces heures qui, en formant un jour entier, produisent quelquefois un mois de trente jours.

*Chapitre premier*

4. Un mois qui comporte vingt-neuf jours – la lune apparaissant le soir de son trentième jour – est appelé un « mois incomplet ». Si par contre la lune n'apparaît pas [ce soir-là] et que le mois comporte trente jours, il est appelé « mois augmenté[13] » ou encore « mois plein ». Une lune qui apparaît le soir du trentième jour s'appelle une « lune qui apparaît en son temps ». Si elle apparaît le trente-et-unième jour sans se montrer le trentième jour, elle est appelée une « lune qui apparaît la nuit de son ajout[14] ».

5. L'observation de la nouvelle lune n'est pas confiée à tous, comme le Chabbath que chacun peut déterminer en comptant six jours afin de s'arrêter de travailler le septième jour. La chose dépend du Tribunal Rabbinique[15] qui va sanctifier[16] la nouvelle lune et décider que ce jour est le début du mois. En effet, il est écrit[17] : « ce mois-ci[18] est pour vous », c'est-à-dire vous [19] [–membres du Tribunal Rabbinique –] serez détenteur de ce témoignage [de l'apparition de la lune].

6. Comme le font les astronomes, qui connaissent les emplacements des étoiles et leurs trajectoires, le Tribunal Rabbinique fait des calculs et analyse avec précision leurs résultats afin de savoir s'il est possible que la lune apparaisse en son temps, la nuit du trentième jour, ou non. S'il sait qu'elle peut être vue, il siège pour attendre des témoins de son apparition toute la journée du trentième jour. Si arrivent des témoins dont les paroles sont dignes de foi, après les avoir interrogés selon les règles de la Loi Juive, il sanctifie ce jour. Mais si la lune n'est pas visible ou qu'aucun témoin ne vient, le mois

---

[13] *Méoubar* en hébreu (voir note 6).
[14] Le texte hébraïque utilise le substantif *ibour* qui provient de *méoubar*.
[15] Le Tribunal Rabbinique désigne ici la plus haute instance législative du peuple juif, c'est-à-dire le Grand Sanhédrin de Jérusalem à l'époque du Temple ou un Tribunal auquel le Sanhédrin a donné le droit de décider des mois, comme nous le verrons dans le cinquième chapitre.
[16] La fixation du nouveau mois est appelée une sanctification, entre autres parce qu'elle impliquait des sacrifices supplémentaires dans le Temple.
[17] Exode 12:2.
[18] Le mois de Nissane. Ce mois est le premier de l'année des mois juifs alors que le Nouvel An Juif, qui a lieu le premier Tichri, septième des mois, marque le début de l'année des jours.
[19] Cette injonction a été donnée à Moïse et Aaron, qui représentaient le Sanhédrin à leur époque.

sera déclaré plein. Par contre, si les calculs indiquent qu'il est impossible que la lune apparaisse, il ne siège ni n'attend des témoins le trentième jour. Si des témoins arrivent, on sait que ce sont de faux témoins ou qu'ils ont cru entrevoir une lune qui n'était qu'un nuage et sûrement pas la lune.

7. La Thora enjoint le Tribunal Rabbinique à faire ces calculs pour savoir s'il est possible ou non que la lune apparaisse. Il a de même l'obligation de mener un interrogatoire minutieux des témoins avant de sanctifier le mois. Il doit aussi envoyer des émissaires pour faire savoir au peuple quel jour est le premier du mois afin qu'il sache quels jours ont lieu les fêtes[20]. En effet, un verset déclare[21] « [voici les fêtes de D.ieu] que vous nommerez en leur temps » et un autre[22] : « tu garderas ce décret[23] en son temps ».

8. On ne calcule ni ne détermine les mois et les années embolismiques qu'en Terre d'Israël, comme il est écrit[24] : « car la Thora[25] sortira de Sion et la parole divine de Jérusalem ». Cependant, s'il se trouve un homme d'une grande érudition, qui a reçu son titre de juge en Israël et qui a quitté cette terre sans y laisser de maître d'une érudition équivalente à la sienne, il peut déterminer les mois et les années là où il se trouve. Si on apprend qu'est apparu en Israël un homme de sa stature – a fortiori d'une stature supérieure à la sienne – il lui sera [dorénavant] interdit de déterminer les mois et les années à l'extérieur d'Israël. S'il le fait, ses décisions n'auront [alors] aucune valeur.

---

[20] Qui ont lieu à date fixe.
[21] Lévitique 23:2.
[22] Exode 13:10.
[23] Celui de la fête de Pâque Juive.
[24] Isaïe 2:3.
[25] Au sens de la Loi.

## Chapitre deux

## *La sanctification du mois*

1. Ne peuvent témoigner de [l'apparition de] la nouvelle lune que deux hommes aptes à témoigner sur toute chose ]selon la loi juive][1]. Mais les femmes et les esclaves font partie des personnes dont le témoignage n'est pas recevable. Un père et son fils qui ont aperçu la nouvelle lune sont tenus de se déplacer pour témoigner devant le Tribunal Rabbinique. Non pas parce que ce témoignage peut être fait par deux hommes liés par un lien de parenté[2], mais parce que, si l'un d'eux est inapte à témoigner parce que c'est un voleur ou pour toute autre raison invalidante, le second se joindra à un autre pour témoigner. Tout témoin invalidé par nos Sages ne peut témoigner sur la nouvelle lune, bien qu'il soit apte à témoigner selon la Thora[3].

2. La Thora ne nous demande pas de vérifier la validité d'un témoignage pour la nouvelle lune car, même si on a sanctifié le nouveau mois sur les dires de deux témoins dont on a prouvé par la suite qu'ils étaient faux[4], il reste sanctifié. C'est pourquoi on acceptait au début le témoignage de tout Juif car tout Juif a la présomption d'être digne de confiance tant qu'il n'a pas été prouvé le contraire. Mais, depuis que les boéthusiens[5] ont commencé à nuire et payaient des gens pour témoigner qu'ils avaient vu la nouvelle lune alors que c'était faux, nos Sages ont décrété qu'on n'accepterait pour la nouvelle

---

[1] Les critères de validité d'un témoignage seront donnés dans les Lois sur le témoignage, dans les derniers chapitres du Michné Thora.
[2] Qui ne peuvent témoigner ensemble selon la Loi Juive, comme cela est expliqué dans les Lois sur le Témoignage.
[3] Car les Sages ont émis un certain nombre de décrets afin d'éloigner les Juifs d'une transgression des lois de la Thora. Sur cette base, ils ont ajouté certains critères invalidant un témoin. Voir à ce propos le deuxième chapitre des Lois sur les Rebelles.
[4] Le texte fait ici référence à des *édim zomémim*, c'est-à-dire des témoins sur lesquels on a témoigné qu'ils n'étaient pas à l'endroit où ils ont prétendu avoir vu la lune ce soir-là. Même si le témoignage a été invalidé de cette façon (ou a fortiori simplement contredit) après que le Tribunal ait sanctifié le nouveau mois, leur décision a force de loi.
[5] *Baïthoussim* en hébreu. Mouvement hérétique de l'époque du Deuxième Temple qui rejetait la légitimité de Loi Orale (mise par écrit dans le Talmud) dont les pharisiens (ancêtres du judaïsme actuel) étaient les garants, et s'opposaient donc à leur pouvoir.

lune que des témoins dont le Tribunal Rabbinique connaissait la probité. De plus, on leur faisait subir un interrogatoire.

3. Aussi, s'ils se trouvaient des témoins de la nouvelle lune que le Tribunal Rabbinique ne connaissait pas, ils se faisaient accompagner par deux hommes dignes de confiance de leur ville qui témoignaient de la probité de ces deux témoins devant le Tribunal Rabbinique. C'est alors seulement qu'on acceptait leur témoignage.

4. Le Tribunal Rabbinique fait les calculs comme les astronomes et sait si la lune sera à l'est ou à l'euest du soleil lorsqu'elle apparaitra ou si [son croissant] sera large ou petit et dans quelle direction en seront les extrémités. Donc, lorsque les témoins viendront, on leur demandera s'ils l'ont vue au nord ou au sud, dans quelles directions étaient les extrémités de son croissant, à quelle hauteur elle était à leurs yeux et quelle était sa largeur. Si leurs paroles concordent avec les résultats des calculs, on validera leur témoignage. Sinon, on ne l'acceptera pas.

5. Si les témoins déclarent qu'ils ont vu [son reflet] dans l'eau, qu'ils l'ont aperçue dans les nuages ou à travers du verre, ou même s'ils en ont vu une partie dans le ciel et une autre dans les nuages ou dans l'eau ou à travers du verre, on ne sanctifiera pas le mois sur une telle vision. Si un témoin affirme l'avoir vue à une hauteur équivalant à la taille de deux hommes[6] et l'autre, à celle de trois hommes, leurs témoignages s'ajoutent l'un à l'autre. Si l'un dit qu'elle était haute comme trois hommes et l'autre comme cinq [hommes], leurs témoignages se contredisent[7]. L'un des deux peut toutefois s'ajouter à un autre témoin dont le témoignage concorde avec le sien ou diffère [de la taille] d'un homme.

6. S'ils disent l'avoir aperçue sans le vouloir et que, lorsqu'ils se sont intéressés à elle, elle avait disparu, on ne tient pas compte de leur témoignage. Il est possible [qu'ils aient vu] des nuages qui se sont regroupés et ont pris la forme [d'un croissant] de lune et se sont dispersés par la suite. Si des témoins affirment qu'ils ont vu [la lune] le vingt-neuf [du mois] au matin à l'est, avant le lever du soleil et à

---

[6] Il ne s'agit ici que d'un ordre de grandeur d'environ 1,70m.
[7] Car on ne peut faire une erreur d'évaluation supérieure à la taille d'un homme.

l'ouest la veille du trente au soir, on les croit et on sanctifie le mois sur leurs dires car ils ont vu la lune en son temps. En effet, on ne tient pas compte de l'apparition de la lune le matin car celle-ci n'a aucune importance pour nous. Il est évident qu'ils ont vu un groupe de nuages qui avait l'aspect de la lune. De même, s'il l'ont vue en son temps[8] et qu'ils ne l'ont pas vue le lendemain soir, leur témoignage est valide car seule nous intéresse l'apparition de la lune la veille du trentième jour.

7. Comment reçoit-on le témoignage sur le nouveau mois ? Toute personne apte à témoigner qui a vu la lune vient au Tribunal Rabbinique. Le Tribunal fait entrer toutes ces personnes dans un lieu où a été préparé un grand festin afin d'habituer les gens à se déplacer. Les deux témoins venus en premier subissent alors l'interrogatoire mentionné plus haut. On fait d'abord entrer le plus important des deux. Si ses paroles correspondent aux calculs, on fait entrer le second témoin. Si leurs paroles sont concordantes, leur témoignage est validé. Puis on pose les questions élémentaires aux autres témoins. Bien que leur témoignage n'ait aucune utilité, on le fait afin de ne pas les décevoir pour qu'ils reviennent une prochaine fois.

8. Après la validation du témoignage, le président du Tribunal Rabbinique déclare : « Sanctifié ! » et tout le monde répète après lui : « Sanctifié ! Sanctifié ! ». On ne sanctifie le nouveau mois qu'à [au moins] trois juges et on ne fait les calculs qu'à [au moins] trois [juges]. On ne sanctifie le nouveau mois que si la lune est apparue en son temps. On ne le sanctifie que le jour. S'il a été sanctifié la nuit, ce n'est pas valable. Même si le Tribunal Rabbinique et tous les habitants d'Israël ont vu la lune et le Tribunal Rabbinique ne l'a pas déclaré sanctifié avant la veille au soir du trente-et-unième jour ou si les témoins ont été interrogés et le Tribunal Rabbinique n'a pas eu le temps de déclarer le mois sanctifié avant que ne tombe la nuit du trente-et-unième jour, on ne le sanctifie pas. De ce fait, le mois précédent comportera trente jours et le trente-et-unième jour sera le premier jour du mois suivant, bien que la lune soit apparue la veille du trentième jour. Car ce n'est pas l'apparition de la lune qui fixe le nouveau mois, mais la déclaration du Tribunal Rabbinique.

9. Si le Tribunal Rabbinique a lui-même vu la lune à la fin du vingt-neuvième jour alors qu'aucune étoile de la nuit du trentième

---

[8] C'est-à-dire la veille du trentième jour.

jour n'était encore visible, il déclare [le nouveau mois] sanctifié car il fait encore jour. S'il l'a vu par contre la nuit précédant le trentième jour après que deux étoiles soient apparues[9], on place le lendemain deux [autres] juges avec l'un d'entre eux et deux juges[10] témoignent devant les trois qui déclarent [alors] le mois sanctifié.

10. Si un Tribunal Rabbinique a sanctifié le nouveau mois par erreur ou sur la base d'un faux témoignage ou sous la contrainte, le mois est [quand même] sanctifié et tous ont l'obligation d'observer les fêtes sur la base de leur décision. Même si quelqu'un sait que le Tribunal Rabbinique est dans l'erreur, il est tenu de respecter sa décision car celui-ci est le seul maître de cette chose. Celui qui a demandé de garder les fêtes a demandé de se fonder sur les dires du Tribunal Rabbinique car il est dit[11] : « [voici les fêtes de D.ieu] que vous nommerez [en leur temps]... ».

---

[9] Ce qui marque la tombée de la nuit.
[10] Qui faisaient partie du Tribunal Rabbinique et qui ont donc vu la lune.
[11] Lévitique 23:2.

# Chapitre trois

## *Témoins et émissaires du nouveau mois*

1. Si deux témoins qui se trouvent à moins d'un jour et une nuit de marche du Tribunal Rabbinique ont vu la lune, ils se déplaceront pour témoigner. S'ils se trouvent à une distance plus longue, ils ne devront pas aller [témoigner] car leur témoignage ne servirait à rien après le trentième jour, puisque le mois a déjà trente jours.

2. Des témoins qui ont vu la nouvelle lune se déplaceront pour témoigner même un Chabbath car il est écrit[1] : « que vous nommerez en leur temps… ». Chaque fois qu'il est écrit « en son temps », cela repousse Chabbath. De ce fait, on ne peut profaner Chabbath que pour les mois de Nissane et de Tichri[2] afin de fixer les fêtes[3]. À l'époque du Temple, on pouvait profaner Chabbath pour tous les mois à cause du sacrifice supplémentaire apporté au début de chaque mois qui repousse lui-même le Chabbath[4].

3. De même que les témoins de la nouvelle lune peuvent profaner Chabbath, les témoins de leur probité peuvent le profaner avec eux si le Tribunal Rabbinique ne connaît pas ces témoins. Même s'il n'y a qu'un seul témoin qui puisse prouver leur probité, il se joindra à eux et profanera Chabbath dans le doute car il se trouvera peut-être au Tribunal Rabbinique un autre témoin de leur probité avec lequel il pourra témoigner.

4. Si le témoin qui a vu la nouvelle lune vendredi soir est malade, on le fait monter sur un âne même sur une civière. S'il y a des brigands sur le chemin, les témoins pourront prendre avec eux des armes. Si la route est longue, ils prendront des vivres. Même s'ils ont vu une grande lune visible par tous, ils ne devront pas se dire : « De même que nous l'avons vue, d'autres aussi ont dû la voir et il n'est pas

---

[1] À propos des fêtes juives (Lévitique 23:2).
[2] Premier et septième mois de l'année juive. Les mois juifs sont : Nissane, Iyar, Sivane, Tamouz, Av, Elloul, Tichri, (Mar)Hechvane, Kislev, Téveth, Chevat, Adar (Adar II les années embolismiques).
[3] La Pâque Juive en Nissane et le Nouvel An Juif, le Grand Pardon et la Fête des Cabanes en Tichri.
[4] C'est-à-dire qui peut être amené un premier du mois qui tombe un Chabbath.

nécessaire de profaner Chabbath », mais toute personne apte à témoigner qui se trouve à moins d'une nuit et d'un jour de marche du Tribunal Rabbinique et qui a vu la nouvelle lune a le devoir de profaner Chabbath et d'aller témoigner.

5. Au début, on recevait les témoins pendant tout le trentième jour. Un jour, aucun témoin ne se présenta jusque tard dans l'après-midi [– à l'heure du sacrifice journalier –] et le Tribunal Rabbinique ne sut que faire car, s'il accomplissait ce sacrifice, il ne pourrait plus apporter le sacrifice du nouveau mois[5] si des témoins arrivaient. Les Sages ont alors décrété que le témoignage sur la nouvelle lune ne serait recevable que jusqu'à l'heure de ce sacrifice, afin qu'on ait le temps d'apporter le sacrifice du nouveau mois, le sacrifice journalier ainsi que les libations qui les accompagnent [avant la tombée de la nuit[6]].

6. Si cette heure arrivait sans que deux témoins se présentent, on apportait le sacrifice journalier de l'après-midi. Si deux témoins se présentaient après ce sacrifice [et avant la tombée de la nuit], on déclarait saints ce jour et le suivant. Mais on n'apportait le sacrifice du nouveau mois que le lendemain car on ne fixait plus le début du mois après l'heure du sacrifice journalier. Depuis que le [deuxième] Temple a été détruit[7], Rabbi Yohanan ben Zaccaï et son Tribunal Rabbinique ont institué qu'on pouvait de nouveau recevoir le témoignage sur la nouvelle lune tout le trentième jour, même si les témoins venaient à la fin du jour, juste avant le coucher du soleil. On validait alors leur témoignage et seul le trentième jour était sanctifié.

7. Si le Tribunal Rabbinique faisait un mois de trente jours parce que les témoins n'étaient pas venus, il montait en un lieu convenu et y prenait un repas le trente-et-unième jour qui était alors le premier jour du [nouveau] mois. Il n'y montait pas la nuit, mais à l'aurore, avant le lever du soleil. Au moins dix hommes montaient pour ce repas. On n'y montait pas sans pain de céréale et des légumineuses que l'on mangeait au cours de ce repas. Tel est le saint repas auquel on fait partout référence[8] qui marquait le mois de trente jours.

---

[5] À l'exception de l'agneau pascal, aucun sacrifice ne pouvait être apporté après le sacrifice journalier de l'après-midi.
[6] Car aucun sacrifice ne peut être fait la nuit.
[7] En l'an 68 de l'ère vulgaire et qu'on ne fait donc plus de sacrifice.
[8] Dans la Bible.

*Chapitre trois*

8. Au début, lorsque le Tribunal Rabbinique sanctifiait le nouveau mois, on allumait des brasiers en haut des collines afin que ceux qui se trouvaient loin [de Jérusalem] le sachent. Quand les Samaritains[9] se mirent à allumer de faux brasiers pour tromper le peuple, on décida d'envoyer des émissaires pour le faire savoir au plus grand nombre. Ces émissaires ne profanaient ni les jours de fête, ni le jour du Grand Pardon et a fortiori le Chabbath car on peut profaner Chabbath pour fixer le nouveau mois mais non pour le confirmer.

9. Les émissaires ne se déplaçaient que pour six mois de l'année. Pour le mois de Nissane à cause de la pâque Juive. Pour le mois d'Av à cause du jeûne [en souvenir de la destruction des deux Temples]. Pour le mois d'Elloul à cause du Nouvel An Juif[10] afin que l'on attende pendant le trentième jour de ce mois : si l'on savait que le Tribunal Rabbinique avait sanctifié ce jour, seul ce jour était le Nouvel An Juif, sinon le trentième et le trente-et-unième jours étaient tous deux des jours de fête jusqu'à ce qu'arrivent les émissaires de Tichri. Pour le mois de Tichri, afin de fixer les fêtes[11]. Pour le mois de Kislev à cause de Hanoucca. Pour le mois d'Adar à cause de Pourim. À l'époque du Temple, ils se déplaçaient aussi pour le mois d'Iyar à cause de la Petite Pâque Juive[12].

10. Les émissaires des mois de Nissane et de Tichri ne prennent la route que le premier jour du mois, après le lever du soleil, une fois qu'ils ont entendu de la bouche du Tribunal Rabbinique que le nouveau mois est sanctifié. Si le Tribunal Rabbinique l'a sanctifié à la fin du vingt-neuvième jour, comme nous l'avons expliqué, et qu'ils ont entendu de sa bouche qu'il était sanctifié, ils prennent la route dès le soir [qui précède le trentième jour]. Les émissaires des autres mois peuvent par contre partir la veille, une fois que la nouvelle lune est

---

[9] Peuple qui a occupé la Terre Sainte entre les deux Temples et qui a adopté le D.ieu d'Israël sans abandonner ses idoles. Quand les Sages du Deuxième Temple s'en aperçurent, ils l'exclurent du peuple juif, ce qui engendra une forte tension entre les Samaritains et les Sages.
[10] Qui avait lieu le premier du mois de Tichri, qui suit le moisd'Elloul.
[11] Ultérieures au Nouvel An, c'est-à-dire le Grand Pardon et la Fête des Cabanes.
[12] Ceux qui étaient impurs ou loin de Jérusalem lors de la Pâque Juive devaient sacrifier l'agneau pascal le quatorze Iyar (qui suit le mois de Nissane). Cet événement est appelé la Seconde (ou Petite) Pâque Juive.

apparue, même si le Tribunal Rabbinique n'a pas encore sanctifié le nouveau mois. Puisque la nouvelle lune est visible, ils [peuvent] prendre la route car il est certain que le Tribunal Rabbinique sanctifiera le nouveau mois le lendemain.

11. Dans tous les endroits que les émissaires pouvaient atteindre, on faisait un jour de fête, comme stipulé dans la Thora. Mais les endroits éloignés, où les émissaires ne pouvaient arriver [avant la fête], faisaient deux jours de fête dans le doute car ils ne savaient quel jour [– du trentième ou trente-et-unième jour du mois précédent –] le Tribunal Rabbinique avait fixé le début du nouveau mois.

12. Dans certains endroits, les émissaires de Nissane arrivaient [à temps], mais pas ceux de Tichri[13]. La logique aurait voulu qu'on fête en ces lieux-là un seul jour de Pâque Juive car les émissaires étaient venus annoncer quel jour avait été fixé le début du nouveau mois. Par contre, on aurait célébré la Fête des Cabanes pendant deux jours puisque les émissaires n'étaient pas venus. Pour ne pas faire de différence entre les fêtes, les Sages ont institué qu'en tout endroit où les émissaires de Tichri ne pouvaient se rendre, on observe deux jours de fêtes même pour la Pentecôte Juive[14].

13. Combien de temps y avait-il entre les émissaires de Nissane de ceux de Tichri ? Deux jours. En effet, les émissaires de Tichri ne pouvaient se déplacer ni le premier de ce mois car c'était le Nouvel An Juif, ni le dix car c'était le Grand Pardon.

14. Les émissaires ne sont pas tenus d'être deux [comme les témoins], mais même un seul est digne de confiance. Ce n'est pas seulement un émissaire qui peut amener l'information, mais même un commerçant qui vient quelque part selon son habitude et dit : « J'ai entendu de la bouche du Tribunal Rabbinique qu'il a sanctifié le nouveau mois tel jour » sera cru et on fixera les dates des fêtes sur ses

---

[13] Car ceux-ci avaient deux jours de moins pour se déplacer, le Nouvel An et Le Grand Pardon étant des jours chômés. Voir paragraphe suivant.

[14] La date de la Pentecôte Juive ne dépend que des émissaires de Nissane car celle-ci n'a pas lieu à une date fixée, mais le cinquantième jour de l'Omer, que l'on comptait à partir du deuxième jour de la Pâque Juive. De ce fait, on connaissait précisément sa date puisqu'on avait eu le temps de savoir quel jour était tombé le premier Nissane et on aurait donc dû n'observer qu'un seul jour de fête.

paroles. En effet, cette information finira par se savoir [15] et le témoignage d'un seul homme digne de confiance est recevable dans un tel cas.

15. Le Tribunal Rabbinique a siégé tout le trentième jour et s'est levé à l'aurore en déclarant que le mois [écoulé] avait trente jours, comme nous l'avons expliqué. Après quatre ou cinq jours, voire le trente du mois [suivant], viennent des témoins lointains pour témoigner qu'ils ont vu la nouvelle lune en son temps, c'est-à-dire la veille du trentième jour au soir. On les met [alors] en garde dans un ton menaçant et on leur fait subir un sévère interrogatoire, au cours duquel chacune de leur parole est analysée avec minutie afin de les perturber. Le Tribunal Rabbinique s'efforce d'infirmer leur témoignage pour de ne pas sanctifier ce mois[16] puisque qu'il a déjà déclaré que le mois précédent avait trente jours.

16. Si les témoins ont maintenu leur témoignage, que celui-ci s'est avéré exacte et que, d'autre part, ces témoins étaient dignes de confiance et leur interrogatoire était conforme à la loi, on sanctifie ce mois et on revient sur la date du premier du mois qui devient le trentième jour du mois précédent puisque que le lune était visible en son temps.

17. [Toutefois,] si le Tribunal Rabbinique [estime] qu'il faut maintenir un mois de trente jours comme il l'a décidé, il peut le faire. Tel est le sens des paroles [de nos Sages] : on peut déclarer qu'un mois comporte trente jours par besoin. Certains grands Maîtres ne partagent pas cet avis et affirment qu'on ne déclare jamais qu'un mois a trente jours par besoin : puisque des témoins sont venus, on ne leur fait aucune menace et on sanctifie le mois sur leurs dires.

18. Il me semble que leur discussion porte sur tous les mois, à l'exception de Nissane et Tichri ou si les témoins sont arrivés après les fêtes de Nissane ou de Tichri. [En effet,] ce qui est fait est fait et le temps des sacrifices [relatifs aux fêtes] et les fêtes [elles-mêmes] sont dépassés. Mais si ces témoins se sont produits avant la moitié des mois de Nissane et de Tichri[17], on ne leur fait aucune menace. Car on

---

[15] De ce fait, les témoins n'osent pas donner une fausse information.
[16] C'est-à-dire reculer d'un jour le premier du mois courant.
[17] Les fêtes de ces deux mois tombent le quinze du mois.

ne menace pas des témoins qui ont vu la nouvelle lune en son temps pour [que le Tribunal Rabbinique puisse] faire un mois de trente jours.

19. Par contre, on menace deux témoins [qui ont vu la nouvelle lune] et dont le témoignage est incohérent car il serait honteux de ne pas valider leur témoignage et que le mois comporte [alors] trente jours. On les menace afin que leur témoignage soit validé et que le mois commence en son temps. De même, si viennent deux autres témoins pour contester le [bien-fondé du] témoignage des témoins qui ont vu la nouvelle lune en son temps, avant que le Tribunal Rabbinique n'ait sanctifié le mois, on les menace afin que leur contestation soit caduque et qu'on sanctifie le nouveau mois en son temps[18].

---

[18] En d'autres termes, le Tribunal Rabbinique s'efforçait de proclamer le début du mois le trentième jour lorsque le calcul montrait que la lune était visible.

# Chapitre quatre

## *L'année embolismique*

1. L'année embolismique est une année à laquelle on a ajouté un mois. On y ajoute toujours le mois d'Adar. On en fait une année à deux mois d'Adar : Adar Premier et Adar Second. Pourquoi ajoute-ton ce mois-là ? À cause du printemps, afin que la Pâque Juive tombe en cette saison car il est écrit[1] : « Garde le mois du printemps[2] ». Il faut donc que ce mois[3] soit au printemps. Or, s'il n'y avait pas cet ajout, la Pâque Juive tomberait quelquefois à la belle saison et quelquefois à la saison des pluies.

2. L'ajout d'un mois dépend de trois critères : l'équinoxe [de printemps], la maturité des récoltes[4] et les fruits de l'arbre. De quelle manière ? Le Tribunal Rabbinique calcule le jour de l'équinoxe[5]. Si l'équinoxe de Nissane tombe le seize de ce mois ou plus tard, on ajoute un mois à l'année[6]. On transformera [donc] ce mois de Nissane en Adar Second afin que la Pâque Juive ait lieu au printemps. On se fonde sur ce critère pour déclarer une année embolismique sans tenir compte d'aucun autre.

---

[1] Deutéronome 16:1.
[2] Ce verset parle de la sortie d'Égypte qui eut lieu le quinze du mois de Nissane.
[3] De Nissane qui contient la Pâque Juive.
[4] Le mot hébraïque employé ici est *aviv*, qui signifie en général « printemps ». Toutefois, la saison du printemps ayant déjà été définie par l'équinoxe de Nissane, il semble que Maïmonide fasse ici référence à un autre sens de ce mot, employé dans l'Exode 9:31, à propos de la grêle qui s'était abattue sur l'Égypte lors des dix plaies : « Le lin et l'orge furent cassés car l'orge était mûr et le lin avait fleuri, mais le froment et l'épeautre furent épargnés car ils étaient encore verts ». Le mot « mûr » est ici la traduction de *aviv* car le contexte montre que les épis étaient durs et que c'est pour cela que la grêle put les casser (contrairement au froment et à l'épeautre qui n'étaient pas encore arrivés à maturité). Cette traduction sera confirmée par la suite.
[5] Ce calcul sera expliqué dans le chapitre 9.
[6] Ce critère permet entre autres de contourner le phénomène de précession des équinoxes – évoquée dans le premier chapitre – qui recule l'équinoxe du printemps d'un jour chaque soixante-dix ans. Nous en verrons la raison par la suite.

3. De même, si on voit que la maturation des récoltes est en retard et n'est pas encore arrivée et que les fruits des arbres qui poussent habituellement à la Pâque Juive n'ont pas encore poussé, on se fonde sur ces deux critères pour ajouter un mois. Même si l'équinoxe tombe avant le seize du mois de Nissane, on ajoute un mois afin que le printemps arrive et que l'on puisse apporter l'offrande de l'Omer[7] le seize du mois de Nissane. Aussi, afin que les fruits printaniers puissent pousser comme chaque printemps.

4. On se fonde sur trois régions pour la maturation des récoltes. La Judée[8], la Transjordanie et la Galilée. Si les récoltes sont [déjà] mûres dans deux de ces régions mais pas dans la troisième, on n'ajoute pas de mois. Si elles le sont dans l'une d'entre elles et pas dans les deux autres on ajoute un mois si[, de plus,] les fruits des arbres n'ont pas encore poussé[9]. Tels sont les critères fondamentaux pour rendre une année embolismique afin que les années soient des années solaires.

5. Il existe d'autres critères qui peuvent décider le Tribunal Rabbinique à ajouter un mois par nécessité. Voici ces critères : Si les routes ne sont pas en bon état et le peuple ne peut pas se déplacer [à Jérusalem], on ajoute un mois, le temps que les pluies s'arrêtent et qu'on puisse réparer les routes. Si les ponts sont détruits et que les rivières empêchent les gens de passer, ce qui présente un danger de mort pour eux, on ajoute un mois, le temps de réparer les ponts. Si les fours pour la Pâque Juive ont été détruits par les pluies et que les pèlerins ne pourront pas rôtir l'agneau pascal, on ajoute un mois, le temps de reconstruire les fours et qu'ils sèchent[10]. Si les Juifs ont quitté leur exil[11] et n'ont pas encore eu le temps de revenir à Jérusalem, on ajoute un mois pour qu'ils aient le temps d'arriver.

---

[7] On apportait au Temple un boisseau (omer) de la nouvelle récolte d'orge. À partir du moment où cette offrande était apportée, on avait la permission d'utiliser les produits des nouvelles récoltes.
[8] Appelée de nos jours la Cisjordanie.
[9] Dans deux régions.
[10] Ces fours étaient en argile.
[11] Il s'agit des Juifs qui habitaient à l'extérieur d'Israël à l'époque du deuxième Temple. On les disaient exilés parce qu'ils étaient sous la domination de peuples étrangers.

6. Par contre, on n'ajoute un mois ni à cause de la neige, ni à cause du froid, ni à cause des exilés qui n'ont pas encore quitté leur exil. Ni non plus à cause de l'impureté. Si par exemple la majorité du peuple ou des prêtres est impure, on n'ajoute pas de mois pour leur laisser le temps de se purifier et de sacrifier l'agneau pascal dans la pureté[12]. Ils le feront dans l'impureté. Toutefois, si on a ajouté un mois pour cette raison, l'année sera maintenue telle quelle (embolismique).

7. Certains phénomènes ne suffisent pas à ajouter un mois mais peuvent contribuer à cet ajout si l'année en a besoin à cause de l'équinoxe, de la maturation des récoltes et des fruits des arbres. Les voici : les boucs ou les agneaux ne sont pas encore nés ou sont peu nombreux, les oisillons n'ont pas encore [assez grandi pour] voler. On n'ajoute pas un mois pour que l'on puisse [facilement] trouver des boucs ou des agneaux pour le sacrifice pascal ou pour qu'on puisse [facilement] trouver des oiseaux pour le sacrifice que les Juifs amènent à leur arrivée au Temple ou pour ceux qui doivent apporter un oiseau en sacrifice[13]. Cependant, on en tient compte pour [ajouter un mois à] l'année.

8. Comment en tient-on compte ? On dira : cette année sera embolismique à cause de l'équinoxe qui est tardif, des récoltes qui ne sont pas mûres ou des fruits des arbres qui ne sont pas apparus. De plus, les boucs sont [encore] jeunes et les poussins fragiles.

9. On n'ajoute un mois qu'après avoir désigné des membres du Tribunal Rabbinique à cet effet. De quelle manière ? Le président du grand Tribunal Rabbinique dira à tel et tel membre du Sanhédrin : « Tenez-vous prêts à tel endroit afin que l'on calcule, qu'on réfléchisse et qu'on sache si cette année doit être embolismique ou non ». Seuls ceux qui ont été désignés en prendront [alors] la décision. Combien [de juges] faut-il pour cela ? On commence par trois juges membres du Grand Sanhédrin et qui ont été ordonnés [juges]. Si deux déclarent : ne

---

[12] Car il faut sept jours pour sortir de l'impureté conférée par le contact avec un cadavre, mais on avait le droit de sacrifier l'agneau pascal lorsque la majorité de la communauté était impure. Voir Lois sur l'agneau pascal, chapitre 7, paragraphes 1 et suivants.

[13] Car les trois fêtes de pèlerinage, c'est-à-dire la Pâque Juive, la Pentecôte Juive et la Fête des Cabanes étaient les moments où on s'acquittait des sacrifices que l'on devait faire, entre autres pour expier les fautes. Certains sacrifices comportaient une tourterelle ou une jeune colombe.

siégeons pas pour réfléchir s'il faut ou non rajouter un mois et un affirme qu'il faut siéger pour débattre, il est minoritaire [devant les deux autres]. Si deux disent : « Siégeons pour réfléchir » et un dit : « Ne siégeons pas ! », on ajoute deux autres juges désignés à l'avance et on discute de la chose.

10. Si deux pensent [alors] qu'il faut ajouter un mois et trois sont d'un avis contraire, les deux sont minoritaires [devant les trois autres]. Si [par contre] trois affirment qu'il faut ajouter et deux pensent que non, on adjoint encore deux juges désignés à l'avance et on termine la discussion à sept. Si tous sont finalement d'avis d'ajouter un mois ou de ne pas ajouter, on applique leur décision. Si les avis sont divergents, on va selon la majorité pour ajouter ou ne pas ajouter un mois. Il faut que le président du grand Tribunal Rabbinique, qui est le chef de l'assemblée des soixante-et-onze membres [du Grand Sanhédrin] fasse partie des sept [juges]. Si on a décidé à trois d'ajouter un mois, la décision sera appliquée, à condition que le président du Grand Sanhédrin fasse partie des trois ou qu'il entérine cette décision. Pour l'année embolismique, on donne d'abord la parole au juge le moins grand alors que, pour sanctifier le mois, on commence par le plus grand.

11. Pour ajouter un mois à l'année, on ne fait siéger ni le roi, ni le Grand-Prêtre. Le roi, à cause de ses armées et de ses guerres qui peuvent le pousser à ajouter ou à ne pas ajouter. Le Grand-Prêtre à cause du froid. En effet, il pouvait avoir tendance à ne pas ajouter afin que le mois de Tichri ne soit pas trop froid car il devait se tremper à cinq reprises dans un bain rituel le jour du Grand Pardon.

12. Si le président du Grand Sanhédrin – qui est appelé *Nassi* – se trouve loin de Jérusalem, on n'ajoute un mois qu'à condition que celui-ci donne son accord. S'il a accepté à son retour, l'année est embolismique, sinon elle ne l'est pas. On n'ajoute un mois que dans la province de Judée car là-bas est la résidence de D.ieu comme il est écrit[14] : « ...dans le lieu de sa résidence, vous l'invoquerez ». Toutefois, si on l'a ajouté en Galilée, la décision a force de loi. On n'ajoute un mois que le jour et, si on l'a fait la nuit, cette décision est caduque.

---

[14] Deutéronome 12:5.

*Chapitre quatre*

13. Le Tribunal Rabbinique a le pouvoir de calculer, de déterminer et de savoir quelle année sera embolismique en tout temps où il le voudra, même pour plusieurs années [à venir]. Cependant, on ne déclarera l'année embolismique qu'après le Nouvel An Juif. On ne fait cela qu'en cas de force majeur mais, en temps normal, on ne fait savoir qu'une année est embolismique qu'au mois d'Adar. On annonce alors que cette année est embolismique et que le mois prochain ne sera pas Nissane mais Adar Second. Si on déclare qu'une année sera embolismique avant le Nouvel An Juif, cette annonce n'en fait pas une année embolismique.

14. Si le trente Adar est arrivé sans qu'on ait décidé que l'année serait embolismique, on ne le fera plus. En effet, ce jour pourrait être le premier jour de Nissane et on ne peut déclarer une année embolismique après le début de ce mois. Si on a quand même pris cette décision le trente Adar, l'année est embolismique. Si des témoins de la nouvelle lune sont venus après qu'on ait déclaré l'année embolismique, on sanctifie le mois ce trentième jour qui devient alors le premier jour d'Adar second. Si on avait sanctifié [le nouveau mois sur leur témoignage] avant que l'année ne soit déclarée embolismique, on n'aurait pas pu le faire car on ne peut décider qu'une année est embolismique pendant Nissane.

15. On ne décide pas qu'une année est embolismique une année de famine, pendant laquelle tous se précipitent dans les granges pour trouver leur subsistance. Il n'est [en effet] pas possible de prolonger l'interdiction de manger de la nouvelle récolte[15]. On n'ajoute pas non plus de mois à l'année sabbatique, pendant laquelle chacun a le droit de se servir des récoltes [dans les champs] et on risque [de ce fait] de ne pas avoir de quoi apporter le sacrifice de l'Omer et les deux pains [qui accompagnent le sacrifice lié à la Pentecôte Juive]. On avait l'habitude de déclarer embolismique l'année qui précédait l'année sabbatique.

16. Il me semble que, lorsqu'on a dit que l'on n'ajoutait pas un mois à l'année [une année de famine ou une année sabbatique], c'est seulement à cause des routes, des ponts ou de raisons semblables. Mais s'il faut ajouter à cause de l'équinoxe, de la maturation des récoltes ou des fruits des arbres, on peut toujours ajouter.

---

[15] Qui dépend, comme nous l'avons dit, du sacrifice de l'*Omer* le seize Nissane.

17. Lorsqu'on ajoute un mois à l'année, on écrit des lettres [à tous les Juifs qui se trouvent] en des lieux lointains pour leur faire savoir qu'on a ajouté un mois et [on explique] pour quelle raison on l'a ajouté. Le texte est écrit au nom du Nassi. Il leur dit : « J'ai pris la décision avec mes confrères et nous avons ajouté tel nombre de jours à cette année ». S'ils le veulent, ils peuvent ajouter vingt-neuf jours et, s'ils le veulent, trente jours. Car le Tribunal Rabbinique peut décider que le mois supplémentaire ait vingt-neuf ou trente jours pour [les Juifs] qui se trouvent au loin que l'on informe. Par contre, lui fixera le nombre de jours selon [le témoignage de] l'apparition de la [nouvelle] lune[16].

---

[16] Ce texte est problématique. En effet, si le Tribunal Rabbinique ne fixe pas le même nombre de jours pour le mois d'Adar Second que celui annoncé dans sa lettre, les Juifs qui se trouvent au loin risquent d'avoir un jour de décalage dans leur calendrier. Certains commentateurs expliquent que ce nombre de jours n'était mis qu'à titre indicatif et que ces Juifs étaient informés par la suite du nombre de jours exact. Cependant, un autre commentateur, le Shékel Hakodesh, s'interroge sur l'utilité de marquer un nombre de jours dans la lettre s'il allait être modifié par la suite. C'est pourquoi il affirme qu'en fait, ces lettres partaient après la détermination du mois par le Tribunal Rabbinique et nombre de jours qui apparaissait dans la lettre était celui fixé par le Tribunal Rabbinique.

# Chapitre cinq

## *Les jours de fête à notre époque*

1. Tout ce que nous avons dit à propos de la détermination du nouveau mois à partir [du témoignage] de l'apparition [de la lune] ou de l'année embolismique à cause de la saison ou pour un besoin ne peut être fait que par le Sanhédrin qui se trouve en Terre d'Israël ou par un Tribunal Rabbinique nommé en Terre d'Israël auquel le Sanhédrin a donné la permission [de fixer les années et les mois]. Car il a été ainsi dit à Moïse et à Aaron[1] : « Ce mois-ci est pour vous le début des mois ». On a appris, par tradition, rapportée de génération en génération depuis Moïse, que tel est le sens de ces paroles : ce témoignage vous est confié ainsi qu'à tout [Tribunal Rabbinique] qui vous succèdera. Mais lorsqu'il n'y a pas de Sanhédrin en Terre d'Israël, on ne fixe les mois et les années embolismiques que sur la base du calcul que nous faisons de nos jours.

2. Cela est une loi venant de Moïse [qui l'a reçue] sur le Mont Sinaï[2] : lorsqu'il y a un Sanhédrin, on détermine [les mois et les années] à partir de témoignages, mais si le Sanhédrin a disparu, on les détermine par le calcul que nous faisons de nos jours sans avoir besoin d'un [quelconque] témoignage. Le premier jour du mois que l'on détermine par ce calcul peut alors correspondre soit au jour où la lune apparaît, soit à la veille, soit au lendemain. Que le premier du mois soit fixé un jour après l'apparition de la lune est un fait exceptionnel qui n'arrive que dans les contrées à l'Ouest de la Terre d'Israël[3].

3. À partir de quand tous les Juifs ont-ils commencé à faire ce calcul ? Depuis la fin des maîtres du Talmud, au moment où la Terre d'Israël était en ruine et qu'il n'y avait plus de Tribunal Rabbinique permanent[4]. Par contre, au temps des maîtres de la *Michna* et, de

---

[1] Exode 12:2.
[2] Le Talmud enseigne qu'un certains nombres de détails de lois ont été donnés à Moïse sur le Mont Sinaï et ont été transmis par tradition orale.
[3] Voir chapitre 18, paragraphe 13.
[4] Ce calendrier a été en fait institué par Hillel II, l'un des derniers chefs du Sanhédrin, descendant de Hillel l'Ancien, en 360 de l'ère vulgaire, un siècle et demi avant la parution du Talmud de Babylone environ.

même, au temps des maîtres du Talmud de Babylone jusqu'à Abayé[5] et Rava[6], on se fondait sur ce qui avait été fixé en Terre d'Israël.

4. Lorsque le Sanhédrin existait et qu'on se fondait sur des témoignages, les habitants de la Terre d'Israël et de tous les endroits où arrivaient les émissaires de Tichri ne faisaient qu'un jour de fête. [Par contre,] dans les endroits lointains où n'arrivaient pas ces émissaires, on faisait deux jours de fête dans le doute. En effet, on ne savait quel jour les habitants de la Terre d'Israël avaient fixé le premier du mois.

5. De nos jours, où le Sanhédrin n'existe plus et où le Tribunal Rabbinique de la Terre d'Israël décide [du calendrier] selon ce calcul, il eût été logique que tous les endroits, même les plus éloignés de la Terre d'Israël, ne fassent qu'un jour de fête comme en Terre d'Israël puisque tous se fondent sur le même calcul. Mais nos Sages ont institué de garder la coutume que les Juifs tenaient de leurs ancêtres.

6. De ce fait, tout lieu où les émissaires de Tichri arrivaient, au temps où les émissaires sortaient [annoncer le premier du mois], devra aussi observer deux jours de fête de nos jours, comme à l'époque où les habitants de la Terre d'Israël se fondaient sur un témoignage. Et les habitants de la Terre d'Israël ne font de nos jours qu'un jour de fête, selon leur coutume, car ils n'en ont jamais fait deux. Il en résulte que le second jour de fête que nous observons en exil de nos jours est une institution de nos Sages[7].

7. Dans le doute, le jour du Nouvel An Juif durait deux jours pour la majorité des habitants de la Terre d'Israël à l'époque où le premier du mois était déterminé par un témoignage. En effet, ils ne pouvaient savoir quand le Tribunal Rabbinique avait fixé premier du mois [de Tichri[8]] car les émissaires ne se déplaçaient pas les jours de fête.

8. Plus encore, à Jérusalem même, qui est le lieu où [siège] le Tribunal Rabbinique, on observait souvent deux jours de fêtes pour le Nouvel An Juif. Car, si les témoins ne se présentaient pas le trentième

---

[5] 280 env.-338 env. de l'ère vulgaire.
[6] 280 env.-355 de l'ère vulgaire.
[7] Et non plus à cause d'un doute. Cette nuance a des implications dans la Loi Juive.
[8] Qui est le seul premier jour du mois qui est un jour de fête chômée.

jour [du mois d'Elloul], ce jour où on les attendait et son lendemain étaient des jours de fête[9]. Du fait que cette fête durait deux jours, même à l'époque où on fixait les mois par un témoignage, on a institué que les habitants de la Terre d'Israël observeraient toujours eux aussi deux jours de fête [du Nouvel An Juif] également de nos jours, bien que les mois soient déterminés par le calcul.

9. Le fait d'observer un jour de fête ne dépend pas de la distance. Comment ? S'il y a [par exemple] au plus cinq jours de marche entre Jérusalem et un certain endroit et qu'il est donc certain que les émissaires pouvaient y arriver, on ne peut affirmer que ses habitants ne font qu'un jour de fête. En effet, qui nous dit que les émissaires se rendaient en ce lieu ? Peut-être qu'à cette époque, aucun émissaire n'y allait car nul Juif n'y habitait et que ce n'est qu'après qu'on a commencé à fixer le calendrier par le calcul que des Juifs s'y sont installés et [les Juifs de cet endroit] doivent de ce fait observer deux jours de fête. Ou peut-être que les routes [qui menaient à cet endroit] n'étaient pas sûres, comme l'étaient celles qui reliaient la Judée à la Galilée à l'époque des Sages de la *Michna*. Ou peut-être encore parce que les Samaritains[10] empêchaient les émissaires de passer parmi eux.

10. Si la chose dépendait de la distance, tous les habitants [juifs] d'Égypte auraient dû faire un jour de fête. En effet, les émissaires pouvaient arriver jusqu'à eux car il faut au plus huit jours de marche de Jérusalem à l'Égypte en passant par Ashkelon. Il en va de même pour la majorité de *Souria*[11]. Tu apprends de là que la chose ne dépend pas de la proximité des lieux.

11. Il en résulte que le principe – selon cette règle – est le suivant : tout endroit dont la distance à Jérusalem est de plus de dix jours entiers de marche observe deux jours de fête selon sa coutume antérieure. Car les émissaires de chaque Tichri n'arrivent qu'aux endroits qui sont à au plus dix jours de marche de Jérusalem. Si un endroit est distant d'au plus dix jours de marche de Jérusalem, où il est

---

[9] En effet, si les témoins venaient le trentième jour, ce jour devenait rétroactivement le jour du Nouvel An Juif. C'est pour cette raison qu'on observait un jour de fête dans le doute.
[10] Voir note 9 du chapitre 3.
[11] Ce nom désigne, dans la tradition talmudique, les terres conquises par le Roi David autour de la Terre d'Israël. À ne pas confondre avec la Syrie actuelle qui porte le même nom en hébreu.

possible aux émissaires de se rendre, on voit si ce lieu fait partie de la terre d'Israël et s'il s'y trouvait des Juifs quand on fixait les mois par témoignage lors de la deuxième conquête[12], telles que [les villes d']Oucha, Shepharam, Louz, Yabné, Nov, Tibériade etc., on y fait un jour de fête. Si c'est un endroit faisant partie de *Souria*, telles que [les villes de] Tyr, Damas, Ashkelon etc. ou qui était extérieur à la Terre d'Israël, comme l'Égypte, Amon[13], Moab[14] etc., on s'en tient à la coutume des ancêtres : si elle était d'un jour, on fera un jour, si elle était de deux jours, on fera deux jours.

12. Si un lieu qui se trouve à au plus dix jours de Jérusalem fait partie de Souria ou de l'extérieur d'Israël et n'a pas de coutume particulière, ou si une ville a été construite dans le désert, ou si des Juifs viennent de s'établir dans un endroit, on y fera deux jours [de fête] comme la majorité du monde. Tout second jour de fête est une institution de nos Sages, y compris le second jour du Nouvel An Juif que tous observent à notre époque.

13. Lorsque, de nos jours, chacun compte dans sa ville et lorsqu'on dit que tel jour sera le premier du mois et tel jour sera un jour de fête, on ne fixe pas ces jours par notre calcul et on ne se fonde pas sur lui car on ne décide pas qu'une année sera embolismique ou qu'un mois aura trente jours à l'extérieur de la Terre [d'Israël]. On ne se fonde que sur le calcul fait en Terre d'Israël et sur les décisions [qui y ont été prises]. Notre calcul n'est fait que pour publier ces décisions. Comme nous savons qu'ils utilisent un certain algorithme, nous faisons le calcul pour savoir quel jour a été fixé par les habitants de la Terre d'Israël pour tel événement. C'est la décision prise par la Terre d'Israël[15] qui fait que tel jour est le premier du mois ou que tel jour est un jour de fête et non le calcul que nous faisons.

---

[12] Il s'agit du retour en Terre Sainte avec Ezra et Néhémie vers -352 (selon la tradition, date contestée par les historiens), après les soixante-dix ans d'exil en Babylonie qui ont suivi la destruction du premier Temple.
[13] Partie Est de la Jordanie actuelle.
[14] Partie Ouest de la Jordanie actuelle.
[15] Selon ce calcul.

## Chapitre six

### *Fondements du calendrier hébraïque*

1. Lorsqu'on se fondait sur un témoignage, on calculait et on connaissait le moment où la lune rejoignait le soleil avec une grande précision, comme le font les astronomes, afin de savoir si la lune était visible ou non. La base de ce calcul est un calcul approximatif, par lequel nous connaissons le moment de leur alignement sans trop de précision, fondé sur leurs trajectoires moyennes, appelé la naissance [de la nouvelle lune]. Les principes du calcul que nous faisons lorsqu'il n'existe pas de Tribunal Rabbinique pour fixer [le début du mois] à partir de témoignages, qui est celui que nous faisons de nos jours, s'appellent le *Ibour*[1].

2. Le jour et la nuit ont vingt-quatre heures en tout temps. Douze le jour[2] et douze la nuit[3]. L'heure se subdivise en mille quatre-vingts fractions[4]. Pourquoi a-t-on divisé l'heure par ce nombre ? Parce qu'on peut prendre de ce nombre la moitié, le quart, le huitième, le tiers, le sixième, le neuvième, le cinquième et le dixième. Chacune de ces divisions contient de nombreuses fractions d'heure.

3. Selon ces données, entre le moment où la lune et le soleil se rejoignent et le moment où ils se rejoignent de nouveau dans leur trajectoire moyenne[5], vingt-neuf jours, douze heures du trentième jour à partir du début de la nuit et sept cent quatre-vingt-treize fractions de la treizième heure[6] s'écoulent. C'est le temps qui sépare

---

[1] Littéralement « la grossesse », en référence à l'ajout d'un jour au mois ou d'un mois à l'année, comme nous l'avons expliqué dans le premier chapitre.
[2] De 6h à 18h.
[3] De 18h à 6h. Le jour et la nuit sont ici des plages horaires dont les milieux sont respectivement midi et minuit et qui ne correspondent pas forcément à la réalité astronomique.
[4] Une fraction d'heure correspond donc à dix tiers de secondes, soit trois secondes et un tiers de seconde.
[5] Voir chapitre 11, paragraphe 15 pour la définition de la trajectoire moyenne.
[6] Soit 29,530594 jours. Cette valeur concorde (à 1/100000ème près) avec celle de l'astronomie contemporaine.

une nouvelle lune[7] de la prochaine et telle est la définition du mois lunaire.

4. Une année lunaire qui contient douze de ces mois comportera trois cent cinquante quatre jours et huit cent soixante-seize fractions d'heure. Si elle est embolismique et contient treize mois, elle durera [alors] trois cent quatre-vingt-trois jours, onze heures et cinq cent quatre-vingt-neuf fractions d'heure. L'année solaire[, quant à elle,] est de trois cent soixante-cinq jours et six heures[8]. Il en résulte que l'année solaire a dix jours, vingt et une heures et deux cent quatre fractions d'heure de plus que l'année lunaire simple (de douze mois).

5. Quand tu divises le nombre de jours du mois par sept[9], c'est-à-dire, par le nombre de jours d'une semaine, il reste un jour, douze heures et sept cent quatre-vingt-treize fractions d'heure. Leur symbole : 1-12-793[10]. C'est le résidu du mois lunaire. De même, si tu divises les jours de l'année lunaire par sept, si c'est une année simple, il restera quatre jours, huit heures et huit cent soixante-seize fractions d'heure. Leur symbole : 4-8-876. C'est le résidu de l'année simple. S'il s'agit d'une année embolismique, son résidu sera de cinq jours, vingt et une heures et cinq cent quatre-vingt-neuf fractions d'heure. Leur symbole : 5-21-589.

6. Si tu connais l'instant de la naissance de la lune pour un des mois et que tu ajoutes 1-12-793, tu obtiendras l'instant de la naissance de la lune le mois suivant. Tu sauras donc quel jour de la semaine, à quelle heure et à combien de fractions d'heure commencera le nouveau mois [lunaire].

7. De quelle manière ? Supposons que la nouvelle lune du mois de Nissane ait lieu dimanche à la cinquième heure et cent sept

---

[7] Cette expression ne désigne pas le jour d'apparition de la lune, mais la néoménie (voir notes 8 et 10 du premier chapitre).
[8] C'est le temps (à peu de chose près) que met la terre à tourner autour du soleil ou, de façon équivalente, le temps mis par le soleil pour tourner autour de la terre dans un référentiel géocentrique (voir Annexe 1).
[9] Une telle division sera utile pour déterminer quel jour de la semaine tombe le début du mois.
[10] Dans le texte original, Maïmonide donne ce symbole en lettres hébraïques, en utilisant le fait que chaque lettre a une valeur numérique.

*Chapitre six*

fractions d'heure du jour. Leur symbole : 1[11]-5-107. Si tu y ajoutes le résidu du mois lunaire – soit 1-12-793 – tu obtiendras l'instant de la naissance de la lune au mois d'Yiar : la veille de mardi à cinq heures[12] et neuf cents fractions d'heure de la nuit. Leur symbole : 3[13]-5-900. Il en va de même jusqu'à la fin des temps, mois après mois.

8. De même, si tu connais le début[14] de cette année et tu ajoutes le résidu de l'année, d'une année simple si cette année est simple et d'une année embolismique si elle est embolismique, tu trouveras le début de l'année suivante. Ainsi, année après année jusqu'à la fin des temps. Le début de l'année par laquelle tu commences est celui de la Création. Il s'est produit la veille de lundi, à cinq heures et deux cent quatre fractions d'heure de la nuit. Leur symbole : 2-5-204[15]. C'est l'origine pour tous les calculs.

---

[11] Dans le calendrier juif, la semaine commence dimanche et se termine samedi. C'est pourquoi le dimanche est marqué par le chiffre 1.
[12] Car 5+12 = 17. Nous sommes donc à la dix-septième heure depuis le début du jour (qui commence à 6 heures et dure 12 heures), donc à la cinquième heure de la nuit. Si nous prenons l'origine des heures à minuit (comme de nos jours), il est 6+17 = 23 heures (voir notes 2 et 3 de ce chapitre).
[13] Le jour commençant la veille au soir (à six heures), on est déjà mardi lorsque la nuit tombe, d'où le chiffre 3 (qui représente mardi).
[14] Dans tout ce qui suit, le début d'un mois, d'une année ou d'un cycle signifiera l'instant de la naissance de la nouvelle lune.
[15] En fait, d'après nos Sages, Adam a été créé le vendredi premier Tichri au début de la troisième heure du jour (8h du matin). De ce fait, le premier jour de la Création du monde était le dimanche 25 Elloul. En fait, le moment de la création d'Adam coïncide avec la première naissance (ou conjonction avec le soleil) de la lune (qui a été placée (avec le soleil) dans le ciel le mercredi d'avant, en décalage avec le soleil). En remontant le temps d'une année lunaire de douze mois, on obtient le moment de la naissance de la lune qui sert d'origine des temps. En effet, pour trouver cette heure douze mois lunaires (virtuels) auparavant, il suffit de soustraire le reste de la division par 7 de douze mois lunaires, c'est-à-dire (voir paragraphe 5) 4j 8h 876 fractions d'heure – soit 4.3671296 jours en écriture décimale – à l'heure de la création d'Adam. Adam ayant été créé à 5j 8h à partir de dimanche 0h – 5.3333333 jours en décimal – en soustrayant 4.3671296 à 5.3333333, on obtient 0.9662037 jours, soit 23h et 204 fractions d'heure. La naissance de la lune était donc dimanche à 23h 204 fractions d'heure, soit la nuit de lundi (qui commence dimanche à 18h) à 5h et 204 fractions d'heure. Ce moment est naturellement virtuel puisqu'il précède le début de la Création de près d'un an. Cette année virtuelle qui précède la Création est l'an 0 et fait que, dans les calculs, le nombre d'années passées depuis l'origine des temps soit égal au

9. Dans tous les calculs menés pour déterminer le début [d'un mois ou d'une année], lorsque tu ajouteras un résidu à un autre et que les fractions d'heure seront au nombre de mille quatre-vingts, tu les transformeras en une heure que tu ajouteras au nombre d'heures [que tu as obtenu en ajoutant les heures. De même,] lorsque tu obtiendras vingt-quatre heures en ajoutant les heures, tu les transformeras en un jour que tu ajouteras au nombre de jours. Et lorsque tu auras plus de sept jours, tu enlèveras sept jours du décompte et tu ne garderas le reste. Car nous ne comptons pas ici les jours, nous voulons simplement savoir quel jour de la semaine à quelle heure et combien de fractions d'heure sera le début [d'un mois ou d'une année].

10. Dix-neuf ans contenant sept années embolismiques et douze années simples s'appellent un cycle. Pourquoi ce fonde-t-on sur ce nombre ? Car, lorsque tu ajoutes le nombre de jours de douze années simples et de sept années embolismiques avec leurs heures et leurs fractions d'heure, que tu transformes mille quatre-vingts fractions d'heure en heures, vingt-quatre heures en jours et que tu les ajoutes au nombre de jours, tu trouveras [le nombre de jours contenus dans] dix-neuf années solaires, chacune de trois cent soixante-cinq jours et six heures exactement. Il ne restera des jours contenus dans dix-neuf années solaires qu'une heure et quatre cent quatre-vingt-cinq fractions d'heure[16]. Leur symbole : 1-485.

11. De ce fait, dans un tel cycle, tous les mois sont lunaires et toutes les années sont solaires. Les années embolismiques de chaque cycle selon ce décompte sont : la troisième, la sixième, la huitième, la onzième, la quatorzième, la dix-septième et la dix-neuvième. Leur symbole : 3-6-8-11-14-17-19.

---

numéro de l'année dans laquelle on se trouve (et non à son numéro − 1). Ainsi, au premier Tichri de la Création (qui est donc l'an 1), une année (virtuelle) est déjà passée depuis l'origine.

[16] En d'autres termes, selon ce calcul, dix-neuf années solaires comptent 1h 26mn 57s (à une seconde près) de plus qu'un cycle de dix-neuf ans. En effet, douze années simples et sept années embolismiques contiennent 235 mois lunaires en tout. Le nombre de jours du cycle est donc 235×29,530594 jours = 6939,689623 jours (voir note 6). D'autre part, le nombre de jours de 19 années solaires est 19×365,25 jours = 6939,75 jours. La différence des deux est égale à 0,060 377 jours, soit 1h 26mn 57s.

*Chapitre six*

12. Lorsque tu ajoutes les résidus des douze années simples soit 4-8-876, les résidus des sept années embolismiques soit 5-21-589 et que tu divises le résultat par sept, il te restera deux jours, seize heures et cinq cent quatre-vingt-quinze fractions d'heure. Leur symbole : 2-16-595. C'est le résidu du cycle.

13. Lorsque tu connaitras le début d'un cycle et que tu lui ajouteras 2-16-595, tu obtiendras le début du cycle suivant. [Tu peux ainsi obtenir] le début de chaque cycle jusqu'à la fin des temps. Nous avons déjà dit que la naissance de la première lune était le 2-5-204. Ce début de cycle correspond à la naissance de la nouvelle lune du mois de Tichri.

14. De cette façon, tu connaitras le début de chaque année et de chaque mois des année passées et des années à venir. Comment ? Tu prends les années écoulées depuis la Création que tu rangeras en cycles de dix-neuf ans jusqu'au mois de Tichri de cette année-là. Tu connaitras [ainsi] le nombre de cycles passés et le nombre d'années du cycle en cours. Tu prendras 2-16-595 pour chaque cycle, 4-8-876 pour chaque année simple du cycle en cours, et 5-21-589 pour chaque année embolismique de ce cycle. Tu ajouteras tous ces résidus en transformant chaque mille quatre-vingts fractions d'heure en heure et chaque vingt-quatre heures en jour. Puis tu diviseras les jours par sept. Ce qui restera des jours, des heures et des fractions d'heure donnera le jour de la semaine du début de l'année suivante que tu voulais connaître.

15. L'instant que tu obtiendras par ce calcul est celui de la nouvelle lune du mois de Tichri. Lorsque tu lui ajouteras 1-12-793[17], tu obtiendras le début du mois de Marhechvane. Lorsque tu ajouteras au début de Marhechvane 1-12-793, tu auras le début de Kislev. De même pour chacun des mois jusqu'à la fin des temps.

---

[17] Qui est le reste de la division par 7 du mois lunaire.

## Chapitre sept

### *Détermination du premier jour de l'année juive*

1. D'après ce calcul, le premier jour du mois de Tichri ne tombe jamais un dimanche, un mercredi ou un vendredi[1]. Leur symbole : 1-4-6. De ce fait, lorsque le premier Tichri tombe l'un de ces [trois] jours, on le repousse au jour d'après. Comment ? Si la lune naît dimanche, on fixe le premier Tichri lundi. Si elle naît mercredi, on le fixe jeudi et si elle naît vendredi, on le fixe samedi.

2. De même, si la lune naît à midi juste ou après midi, on repousse le premier du mois [de Tichri] au lendemain[2]. Comment ? Si la lune naît un lundi à la sixième heure de la journée ou après la sixième heure, on fixe le premier du mois mardi, mais si elle naît ne serait-ce qu'une fraction d'heure avant midi, on fixe le premier du mois ce jour même. À condition que ce jour ne soit pas l'un des jours 1-4-6.

3. Lorsque la lune naît à midi ou après midi et que le premier du mois est repoussé d'un jour. Si le jour suivant fait partie des jours 1-4-6, il est [encore] repoussé d'un jour et le premier du mois est [alors] le troisième jour à partir de l'apparition de la lune. Comment ? Si la lune naît samedi à midi, de symbole 7-18[3], dans une telle année, on fixe le premier du mois lundi. De même, si la lune naît mardi à midi ou après midi, le premier du mois sera jeudi.

4. [De plus,] d'après ce calcul, si la nouvelle lune naît en Tichri la nuit de mardi[4] à la neuvième heure de la nuit et deux cent quatre fractions de la dixième heure, dont le symbole est 3-9-204, ou plus tard et que nous entrons dans une année simple, le premier du mois

---

[1] Bien que le choix de ces jours provienne principalement d'une tradition sans raison logique, Maïmonide en donne une raison dans le paragraphe 7.
[2] Car, d'après le Talmud, si le premier croissant de lune naît après midi, il sera trop petit pour être visible le soir (Traité Roch Hachana 20b). La raison en sera donnée dans le chapitre 17.
[3] La journée commençant la veille à 18h, midi est donc la dix-huitième heure à partir de ce moment.
[4] On rappelle que la nuit précède le jour et commence à 18 heures. La neuvième heure de la nuit correspond donc à 3h du matin.

*Chapitre sept*

[de Tichri] de cette année n'est pas fixé le mardi, mais repoussé à jeudi[5].

5. De même, si la nouvelle lune naît en Tichri un lundi à trois heures et 589 fractions d'heure de la quatrième heure du jour, dont le symbole est 2-15-589, ou plus tard, et que nous sortons d'une année embolismique, c'est-à-dire que l'année précédente était une année embolismique, le premier du mois [de Tichri] de cette année n'est pas fixé le lundi, mais repoussé à mardi[6].

6. Si la nouvelle lune d'une année simple – dont nous avons dit que le début est repoussé à jeudi – naît [ne serait-ce qu']une fraction d'heure plus tôt, si par exemple son symbole est 3-9-203 ou moins que cela, le début de l'année est fixé ce mardi. De même, si la nouvelle lune de l'année qui suit une année embolismique est un lundi une fraction d'heure plus tôt, par exemple de symbole 2-15-588 ou moins que cela, le début de l'année reste lundi. Il en résulte que la détermination du premier Tichri selon ces calculs se fait ainsi : Calcule et sache quel jour, à quelle heure du jour ou de la nuit et à combien de fractions de l'heure sera la nouvelle lune. Ce jour correspond toujours au début de l'année. Sauf s'il tombe un dimanche, un mercredi ou la veille de Chabbath. Ou si la lune naît à midi ou après midi. Ou si elle naît à 204 fractions de la dixième heure de la nuit de mardi ou plus au début d'une année simple. Ou [encore] si elle naît à 589 fractions de la quatrième heure du jour ou plus le lundi et qu'on est au début d'une année simple qui suit une année embolismique. Si l'une de ces quatre occurrences se produit, le début de l'année est [alors] repoussé au lendemain ou au surlendemain, comme nous l'avons expliqué.

---

[5] Cette nouvelle condition spécifique au mardi qui semble contredire la précédente vient du fait que, si on ajoute le résidu d'une année simple – soit 4-8-876 – à 3-9-204, le premier jour de l'année suivante serait un samedi à midi et serait donc repoussé à lundi. Il y aurait donc entre deux débuts d'année simple cinq jours d'écart. Or, comme nous le verrons plus loin, cet intervalle ne peut excéder quatre jours.

[6] Car l'apparition de la nouvelle lune à cet instant implique que la nouvelle lune du début de l'année précédente tombait mardi à midi et que le premier Tichri avait donc été repoussé à jeudi, ce qui fait qu'il n'y aurait eu que trois jours entre le début de l'année suivante et celui de l'année précédente. Or, comme nous le verrons plus loin, cet intervalle doit être supérieur à quatre jours pour une année embolismique.

7. Pourquoi ne fixe-t-on jamais, selon ce calcul, le début de l'année un des jours 1-4-6 ? Parce que ce calcul est fondé sur l'alignement de la lune et du soleil selon leurs trajectoires moyennes et non sur leurs positions vraies[7], comme nous l'avons dit. C'est pourquoi on a défini un jour où l'on fixe et un jour où l'on repousse [le début de l'année], afin d'arriver à la conjonction effective [des deux astres]. Comment : le mardi, on fixe – le mercredi, on repousse, le jeudi, on fixe – le vendredi, on repousse, le samedi, on fixe – le dimanche, on repousse, le lundi, on fixe.

8. Le principe des quatre cas où l'on repousse [le début de l'année] vient du fait que ce calcul prend en compte la trajectoire moyenne. La preuve en est que, si la nouvelle lune est la nuit de mardi et qu'on repousse à jeudi, dans de nombreux cas, la lune n'est visible ni la nuit de jeudi, ni celle de vendredi, ce qui implique bien que la conjonction effective du soleil et de la lune a eu lieu jeudi[8].

---

[7] Ces notions seront précisées dans les chapitres suivants.
[8] De ce fait, le premier croissant de lune ne sera visible que samedi, comme cela a été dit dans le premier chapitre et sera précisé dans le chapitre 17.

# Chapitre huit

## *La succession des mois*

1. Le mois lunaire comporte vingt-neuf jours et demi et 793 fractions d'heure, comme nous l'avons expliqué. Or on ne peut pas dire que la tête d'un mois est une partie d'un jour, c'est-a-dire que la première partie du jour appartiendrait au mois précédent et l'autre partie au mois suivant car il est dit[1] : « jusqu'un mois de jours ». On a appris, par tradition, que l'on compte les jours d'un mois et non les heures[2].

2. C'est pourquoi on fait des mois lunaires tantôt incomplets et tantôt pleins. Un mois incomplet comporte vingt-neuf jours bien que le mois lunaire ait quelques heures de plus et un mois plein comporte trente jours bien que le mois lunaire ait quelques heures de moins. Cela, afin de ne pas compter les heures d'un mois, mais des jours entiers.

3. Si le mois lunaire était de vingt-neuf jours et demi seulement, toutes les années seraient une succession de mois pleins et incomplets et l'année lunaire aurait 354 [jours, ce qui correspondrait à] six mois incomplets et six mois pleins. Mais les fractions d'heure de chaque mois vont s'ajouter et produire des heures et des jours, ce qui fait que certaines années comporteront plus de mois incomplets que de mois pleins et, d'autres années, plus de mois pleins que de mois incomplets.

4. D'après ce décompte, le trentième jour [d'un mois] est toujours le début d'un mois. Si le mois précédent est incomplet, il sera le premier jour du mois suivant. Si par contre le mois précédent est plein, ce jour sera compté comme le début du mois puisqu'une partie de ce jour appartient au nouveau mois, mais il complètera le mois précédent (et sera donc son trentième jour) et le trente-et-unième jour sera le premier du mois suivant à partir duquel on comptera [les jours de ce mois]. C'est ce jour qui détermine le début du mois. De ce

---

[1] Nombres 11:20.
[2] Cette précision, qui semble évidente, doit quand même être stipulée car certains calendriers, tel que l'ancien calendrier chinois, utilisent des mois aux jours incomplets.

fait, d'après ce calcul, le début du mois comportera tantôt un jour[3], tantôt deux jours[4].

5. Voici l'ordre des mois incomplets et pleins selon ce calcul : Tichri est toujours plein et Téveth toujours incomplet. À partir de Téveth les mois pleins et incomplets se succèdent alternativement. Comment ? Téveth est incomplet, Chevat – plein, Adar – incomplet, Nissan – plein, Yiar – incomplet, Sivane – plein, Tamouz – incomplet, Av – plein, Elloul – incomplet. Les années embolismiques, Adar Premier est plein et Adar Second incomplet.

6. Il reste deux mois qui sont Marhechvane et Kislev. Quelquefois, les deux seront pleins, quelquefois, les deux seront incomplets et quelquefois, Marhechvane sera incomplet et Kislev sera plein. Une année dans laquelle ces deux mois sont pleins, ses mois sont appelés « entiers[5] ». Une année dans laquelle ces deux mois sont incomplets, ses mois sont appelés « incomplets ». Enfin, une année dans laquelle le mois de Marhechvane est incomplet et celui de Kislev est plein, ses mois sont appelés « en ordre ».

7. Pour savoir si les mois d'une année sont entiers, incomplets ou en ordre, selon notre calcul, il faut procéder ainsi[6] : sache d'abord quel jour [de la semaine] tombe le Nouvel An Juif de l'année dont tu veux savoir l'alternance des mois, comme nous l'avons expliqué dans le septième chapitre. Puis, sache quel jour [de la semaine] tombe le Nouvel An Juif de l'année qui la suit. Compte alors le nombre de jours [de la semaine] qu'il y a entre eux, en enlevant les deux jours de Nouvel An Juif. Si tu trouves entre eux deux jours, les mois de cette année seront incomplets. Si tu trouves trois jours, ses mois seront en ordre. Si tu trouves quatre jours, les mois seront entiers.

8. Dans quel cas ? Lorsque l'année dont tu veux savoir l'alternance des mois est simple. Mais pour une année embolismique, si la différence est de quatre jours, les mois de cette année

---

[3] Si le mois précédent n'a que vingt-neuf jours.
[4] Si le mois précédent a trente jours.
[5] Ici, Maïmonide utilise le mot *chalem* (entier) au lieu du mot *malé* (plein) pour désigner les mois pleins, d'où le changement de traduction.
[6] Les raisons de ces règles seront données sur les exemples du paragraphe 9.

*Chapitre huit*

embolismique seront incomplets. Si tu trouves cinq jours, ses mois seront en ordre. Si tu trouves six jours, les mois seront entiers[7].

9. Par exemple, si nous voulons connaître l'alternance des mois de cette année qui est simple, dont le Nouvel An Juif tombait un jeudi et le Nouvel An Juif de l'année suivante est un lundi. Il se trouve donc trois jours de la semaine entre eux[8]. Nous savons alors que ses mois sont en ordre. Si le Nouvel An Juif de l'année suivante était un mardi, ses mois auraient été entiers. Et si le Nouvel An Juif était tombé cette année un samedi et celui de l'année suivante un mardi, ses mois auraient été incomplets. Tu feras le même calcul pour une année embolismique[9].

10. Il existe des indicateurs sur lesquels tu pourras te fonder pour ne pas te tromper sur l'alternance des mois de l'année. Ils résultent des principes de ce calcul et des fixations [du premier jour de l'année] ou de [son] report dont nous avons expliqué les règles. Voici ces indicateurs : si le Nouvel An Juif tombe un mardi, [les mois de] cette année seront toujours en ordre, qu'elle soit simple ou embolismique[10]. S'il tombe un samedi ou un lundi, [les mois] de cette

---

[7] Les paragraphes 7 et 8 justifient les règles énoncées dans les notes 5 et 6 du chapitre 7, selon lesquelles il ne pouvait pas y avoir plus de quatre jours entre deux Nouvel Ans d'une année simple et pas moins de quatre jours entre deux Nouvel Ans d'une année embolismique.
[8] Vendredi, samedi et dimanche.
[9] Après cet exemple qui éclaircit les règles énoncées dans les deux paragraphes précédents, nous allons donner l'origine de ces règles. Une année simple dont les mois sont en ordre comporte six mois de 30 jours et six de 29 jours, soit $6 \times 30 + 6 \times 29 = 354$ jours. En supprimant le premier Tichri, il reste 353 jours. En divisant par 7 ce nombre, on trouve le nombre de semaines et le nombre de jours ne formant pas une semaine entière, soit $353 = 7 \times 50$ semaines + 3 jours. C'est donc bien trois jours qui séparent la dernière semaine de l'année du premier Tichri de l'année suivante. Une année dont les mois sont incomplets compte un jour de moins. Le même algorithme donne $352 = 7 \times 50$ semaines + 2 jours et une année dont les mois sont entiers aura un jour de plus qu'une année dont les mois sont en ordre, soit 355 jours. On aura donc $354 = 7 \times 50$ semaines + 4 jours. Comme on l'a vu au paragraphe 5, une année embolismique compte 30 jours de plus qu'une année simple, soit 384 jours, 383 jours ou 385 jours. Un raisonnement similaire nous donne : $383 = 7 \times 54$ semaines + 5 jours, $382 = 7 \times 54$ semaines + 4 jours, $384 = 7 \times 54$ semaines + 6 jours.
[10] Ce calcul étant long et fastidieux, nous en donnons les détails dans l'Annexe

année ne seront jamais en ordre, qu'elle soit simple ou embolismique. S'il tombe un jeudi et que l'année est simple, il est impossible que ses mois soient incomplets selon ce calcul. Et si elle est embolismique, il est impossible que ses mois soient en ordre selon ce calcul[11]

---

2 pour ce cas seulement.
[11] Toutes ces règles de calcul de l'année juive font que la décision de rendre une année embolismique ne tient plus compte de la date du printemps, comme on le faisait lorsque le Sanhédrin décidait (voir chapitre 4, paragraphe 2). Or, comme nous l'avons dit dans la note 5 du premier chapitre, un tel processus corrigeait la précession des équinoxes. De ce fait, dans le calendrier juif actuel, le printemps pourrait ne plus tomber en Nissane, mais en Yiar, dans environ 1000 ans. Mais la tradition juive prévoit l'avènement des temps messianiques avant l'an 6000, soit dans moins de 250 ans...

# Chapitre neuf

## *Calcul des saisons*

1. Certains Sages d'Israël[1] disent que l'année solaire comporte 365 jours et un quart de jour, c'est-à-dire six heures. D'autres affirment qu'il y a moins d'un quart de jour. La même discussion existe chez les maîtres de Grèce et de Perse[2].

2. Pour celui qui dit que l'année solaire comporte 365 jours et un quart de jour, il restera, de chaque cycle de dix-neuf années solaires, une heure et 485 fractions d'heure, comme nous l'avons expliqué[3] [précédemment]. Et entre une saison et une autre, il y aura quatre-vingt-onze jours et sept heures et demi[4]. Quand tu sauras quel jour et à quelle heure commence une saison, tu commenceras à compter la date de la saison suivante à partir d'elle et, de cette deuxième saison, tu pourras déduire [la date de] la troisième jusqu'à la fin des temps.

3. La saison de Nissane[5] commence au moment où le soleil entre au début du signe du Bélier[6]. La saison de Tamouz[7] commence au

---

[1] Il s'agit du point de vue de Chmouel (165 env. – 257 env.) qui apparaît dans le Traité talmudique Érouvine (56a).
[2] Du point de vue de la science actuelle, l'année solaire (ou année tropique) a une durée de 365,242190 jours soit 365 jours 5h 48mn 45s, ce qui semblerait conforter le second point de vue.
[3] C'est la différence entre dix-neuf années solaires et dix-neuf années lunaires dont sept embolismiques. Cela a été expliqué au paragraphe 10 du chapitre 6.
[4] Soit le quart de 365 jours et 6h. Comme l'a dit Maïmonide, cette valeur est une valeur moyenne car les saisons astronomiques n'ont pas toutes exactement la même durée du fait du caractère elliptique de la trajectoire du soleil.
[5] Qui correspond à l'équinoxe de printemps.
[6] Tout au long de ces lois, Maïmonide va placer les planètes par rapport au zodiaque, qui est un découpage du ciel qui entoure la terre en douze secteurs de trente degrés qui portent les noms des signes du zodiaque. Ceux-ci vont être décrits plus loin. Le zodiaque (qui fait partie de la voie lactée) est, dans un repère géocentrique (voir Annexe 1), contenu dans un plan qui fait un angle d'environ 23° 30' avec l'équateur (voir Figure 19-1). C'est dans ce plan que tourne le soleil. Au septième paragraphe du troisième chapitre des Lois sur les fondements de la Thora, Maïmonide énumère les signes du zodiaque en expliquant que le zodiaque tourne au cours du temps d'environ un degré

*La sanctification du mois*

moment où le soleil se trouve au début du signe du Cancer. La saison de Tichri[8] commence au moment où le soleil se trouve au début du signe de la Balance. La saison de Téveth[9] commence au moment où le soleil se trouve au début du signe du Capricorne[10]. La saison de Nissane est tombée, l'année de la Création – selon ce calcul – sept jours, neuf heures et 642 fractions d'heure avant la naissance de la lune pour ce mois[11]. Son symbole : 7-9-642.

---

chaque soixante-dix ans. Cependant, sa description du ciel est fondée sur une configuration figée qui est celle de l'époque du déluge environ. C'est celle utilisée par les astrologues et certains astronomes (ces deux domaines ne faisaient qu'un à cette époque) car elle permet de décrire le mouvement des planètes de façon simple et cohérente. En fait, à l'époque de Maïmonide, le soleil se trouvait environ au milieu du signe des Poissons à l'équinoxe du printemps. La raison de la rotation du zodiaque sera donnée plus loin.
[7] Qui correspond au solstice d'été.
[8] Qui correspond à l'équinoxe d'automne.
[9] Qui correspond au solstice d'hiver.
[10] Voici une représentation du zodiaque avec les saisons. Chaque signe occupe un secteur angulaire de 30 degrés.

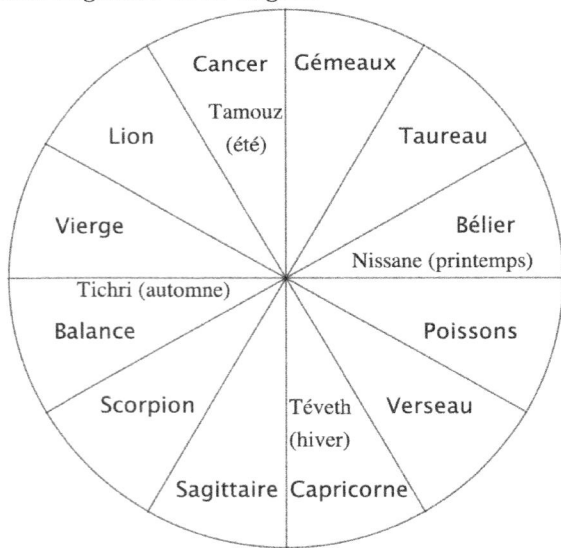

Figure 9-1 : Le zodiaque et la position du soleil pour chaque saison

[11] Il s'agit du mois de Nissane qui précède la Création (an 0), qui est l'origine des saisons. En effet, d'après nos Sages, le soleil a été créé à la première heure de la nuit de mercredi et a été placé au début du signe de la Balance (saison de Tichri), mais il n'a commencé sa course qu'au début de la quatrième heure

*Chapitre neuf*

4. Voici comment calculer les [dates des] saisons : sache d'abord combien de cycles entiers se sont écoulés depuis la Création jusqu'au cycle que tu veux. Prends pour chaque cycle une heure et 485 fractions d'heure[12]. Transforme [la somme] des fractions d'heure en heures, celle des heures en jours et soustrais au résultat sept jours, neuf heures et 642 fractions d'heure[13]. Puis tu ajouteras ce que tu obtiens à l'heure de la nouvelle lune de Nissane de la première année du cycle [dans lequel tu te trouves]. Tu obtiendras ainsi l'heure et le jour du mois où commence la saison de Nissane pour cette première année du cycle. À partir d'elle, tu ajouteras quatre-vingt-onze jours et sept heures et demi pour chacune des saisons [suivantes]. Si tu veux savoir [quand commence] la saison de Nissane d'une année qui est telle année du cycle dans lequel tu te trouves, prends pour chaque cycle entier une heure et 485 et, pour chaque année de ce cycle, dix jours, 21 heures et 204 fractions d'heure[14] et fais-en la somme. Puis tu retrancheras à cette somme 7 jours 9 heures et 642 fractions

---

du jour, soit mercredi à 9h. La saison de Nissane se trouvant deux saisons avant celle de Tichri, il faut retrancher deux fois 91j 7h 30mn (paragraphe 2) – soit 182j 15h – pour y arriver. D'autre part, la naissance de la lune de Tichri correspondait à la création d'Adam, le vendredi à 8h du matin (chapitre 6, note 15). De ce fait, la saison de Tichri de l'an 1 précède de 1j 23h la naissance de la lune. En ajoutant donc cette durée à 182j 15h, on obtient le temps qui sépare la naissance de la lune en Tichri de la saison de Nissane, soit 184j 14h ou encore 184,583333j. D'autre part, pour trouver la naissance de la lune en Nissane, il faut soustraire six mois lunaires, soit 6x29,530594j = 177,183564j (chapitre 6, note 6) à celle de Tichri. Nous voyons donc que la saison de Nissane précède de 184,583333j la naissance de la lune en Tichri alors que la naissance de la lune en Nissane ne la précède que de 177,183564j. En retranchant 177,183564j à 184,583333j, nous trouvons 7,399769, soit 7j 9h et 642 fractions d'heure.

[12] Qui correspondent, comme nous l'avons vu dans la note 2, au reste des jours contenus dans 19 années solaires.

[13] Qui est, comme nous l'avons vu au paragraphe 3, la différence entre la date où a commencé la saison de Nissane à la Création et l'apparition de la lune ce mois-là. Cette soustraction est justifiée par le retard du début de la saison sur le début du mois de Nissane de la Création.

[14] C'est la différence entre une année solaire et une année lunaire simple. Cela a été expliqué au paragraphe 4 du chapitre 6. Maïmonide ne tient pas compte ici des années embolismiques car il utilise le reste de la division par la durée d'un mois lunaire. Ce reste est donc le même pour douze ou treize mois.

d'heure[15] et tu rangeras les jours qui restent en mois lunaires, soit 29 jours, 12 heures et 793 fractions d'heure. Tu ajouteras ce qui reste – c'est-à-dire la valeur inférieure à un mois lunaire – au moment de la naissance de la lune du mois de Nissane de cette année. Tu sauras [ainsi] quel jour et à quelle heure commencera la saison de Nissane de cette année[16]. Selon ce calcul, la saison de Nissane ne peut commencer qu'au début de la nuit, au milieu de la nuit, au début du jour ou au milieu du jour. La saison de Tamouz, qu'à sept heures et demi ou à une heure et demi du jour ou de la nuit. La saison de Tichri, qu'à neuf heures ou à trois heures du jour ou de la nuit. La saison de Téveth, qu'à dix heures et demi ou à quatre heures et demi du jour ou de la nuit[17].

Si tu veux [maintenant] savoir quel jour de la semaine et à quelle heure commencera la saison, prends les années solaires entières qui se sont écoulées depuis la Création jusqu'à l'année que tu

---

[15] Afin de prendre en compte le décalage entre la saison de Nissane et l'apparition de la lune à la Création.

[16] Cet algorithme, fondé sur des valeurs exactes, est difficile à mettre en œuvre car il implique des sommes et des divisions de nombres décimaux (comme le mois lunaire). C'est pourquoi Maïmonide donnera un algorithme approché plus simple dans le sixième paragraphe.

[17] La différence entre deux saisons du même mois est de 365j 6h = 4x91j 7h 30mn. Pour trouver l'heure de la même saison l'année suivante, il suffit donc d'ajouter 6h à l'heure de la précédente. Comme nous l'avons vu dans la note 10, la saison de Tichri de l'an 1 tombait mercredi à 3h du jour. En ajoutant 6h, on obtient 9h du jour. En ajoutant de nouveau 6h, on obtient 3h de la nuit, en ajoutant de 6h, on obtient 9h de la nuit. En ajoutant encore 6h, on retombe sur l'heure de la première saison et le cycle est bouclé. La saison de Nissane était 182j 15h plus tôt. En divisant ce nombre par 7, nous trouvons un reste de 15h (182 = 26x7). Pour trouver l'heure et le jour de la semaine de la saison de Nissane, il faut donc retrancher 15h à mercredi 9h. Cela nous amène à mardi à 18h, ce qui correspond au début de la nuit de mercredi. En ajoutant 6h, on obtient le milieu de la nuit. En ajoutant de nouveau 6h, on obtient le début du jour, en ajoutant de 6h, on obtient le milieu du jour. En ajoutant encore 6h, on retombe sur l'heure de la première saison et le cycle est bouclé. Comme 91j 7h 30mn séparent deux saisons, il suffit d'ajouter 7h 30mn à la saison de Tichri pour obtenir l'heure de celle de Téveth. Celle-ci était donc, à l'an 1, à 3h + 7h 30mn = 10h 30mn du jour En ajoutant 6h, on obtient 4h 30mn de la nuit, en ajoutant 6h, 10h 30mn de la nuit, ajoutant 6h, 4h 30mn du jour. En ajoutant 7h 30mn à la saison de Nissane, on obtient celle de Tamouz à 7h 30mn de la nuit. En ajoutant 6h, on obtient 1h 30mn du jour, en ajoutant 6h, 7h 30mn du jour, ajoutant 6h, 1h 30mn de la nuit.

veux, divise leur nombre par 28[18] et prélève pour chaque année qui reste [après division] un jour et 6 heures[19]. Fais la somme [de ce que tu as prélevé] et ajoute 3 [jours]. [Puis] divise [le nombre de jours] obtenu par 7. Enfin tu compteras les jours et les heures qui restent après division à partir du début de la nuit qui précède dimanche[20]. La saison de Nissane commencera au résultat de ce décompte. Pourquoi ajoute-t-on trois [jours] ? Parce que la première saison de l'année de la Création a commencé au début de la nuit qui précède le mercredi[21].

5. Comment ? Supposons que nous voulions déterminer [le début de] la saison de Nissane de l'année quatre mille neuf cent trente depuis la Création. Si tu divises toutes [ces années] par 28, il restera une année. Prends un jour et six heures et ajoute 3 [jours], il en résulte que la saison de Nissane commence à la sixième heure de la nuit [qui précède] jeudi[22]. En ajoutant sept heures et demi, la saison de Tamouz commencera alors à une heure et demi du jour du jeudi. En ajoutant sept heures et demi, la saison de Tichri commencera alors à la neuvième heure du jour du jeudi. En ajoutant sept heures et demi, la saison de Téveth commencera à la quatrième heure et demi de la nuit [qui précède] vendredi. En ajoutant sept heures et demi, la saison de Nissane de l'année suivante commencera au début du jour de vendredi[23]. Et ainsi jusqu'à la fin des temps.

6. Si tu veux savoir quel jour du mois commence la saison de Nissane de cette année, sache d'abord quel jour de la semaine ce sera, quel jour [de la semaine] aura été fixé le premier jour du mois et

---

[18] Ce nombre est justifié car 28 années solaires contiennent un nombre entier de semaines (1461 exactement car 28x365,25 = 10227 = 1461x7) et, de ce fait, chaque jour de l'an d'un cycle de vingt-huit ans tombera le même jour de la semaine. L'algorithme permettant de déterminer le jour de la semaine étant bien plus simple que celui qui détermine le jour du mois, il servira de base pour l'algorithme approché donné dans le sixième paragraphe. Dans tous ces calculs, Maïmonide utilise un outil mathématique appelé « congruence ».

[19] Qui est le reste de la division par 7 d'une année solaire car 365,25 = 52x7 + 1,25.

[20] Soit, comme nous l'avons dit, samedi à 18h. On rappelle que dimanche est le premier jour de la semaine dans le calendrier juif.

[21] Qui est le quatrième jour de la semaine pour le judaïsme. Nous avons justifié cette affirmation dans la note 11.

[22] Soit mercredi à minuit.

[23] Soit vendredi à 6h du matin.

combien d'années du cycle se sont écoulées. Puis tu prendras onze jours[24] pour chaque année [de ce cycle] et tu ajouteras sept jours[25] en ces temps[26] à la somme de [tous] ces [onze] jours. Divise le résultat par 30[27] et le reste – inférieur à 30 – tu le compteras à partir du premier jour de Nissane. S'il correspond au jour [de la semaine du début] de la saison, c'est parfait. Sinon, tu devras ajouter un, deux ou trois jours pour arriver au jour [du début] de la saison[28]. Si c'est une année embolismique, tu commenceras ton décompte au premier jour du mois d'Adar Second et le jour où t'amènera ce calcul sera le jour du mois où commencera la saison.

7. Comment ? Supposons que nous voulions savoir quel jour du mois commencera la saison de Nissane de l'an (4)930[29], qui est la neuvième année du deux cent soixantième cycle. Nous avons trouvé que le premier du mois de Nissane tombait un jeudi et que sa saison commençait [aussi] un jeudi. Comme cette année est la neuvième du cycle, huit années entières la précèdent. En prenant pour chaque année 11 jours, tu obtiendras en tout 88 jours. Ajoute 7, ce qui fait 95. Divise par 30, il restera 5 jours. Si tu comptes cinq jours à partir du

---

[24] Qui est la valeur entière la plus proche de dix jours, 21 heures et 204 fractions d'heure, différence entre une année solaire et une année lunaire de douze mois.

[25] Ces sept jours sont en fait une approximation de la différence entre le produit du nombre de cycles par une heure et 485 fractions d'heures et les 7 jours 9 heures et 642 fractions d'heure du décalage entre la première saison de Nissane et la naissance de la lune l'année de la Création. Cette approximation n'est justifiée qu'à partir de l'année juive 4880 (1120). Cependant, cette différence varie lentement, ce qui valide cet algorithme pour une longue période, comme nous le verrons dans la note 20. Pour les années antérieures à 4880, il faut diminuer le chiffre 7 d'une unité pour chaque tranche de 300 ans environ.

[26] L'expression « en ces temps » signifie que l'ajout de 7 n'est valable qu'à l'époque de Maïmonide, comme nous l'avons expliqué dans la note précédente. Comme nous l'avons vu, ce texte semble avoir été écrit en 4930 (1170).

[27] Qui est la valeur entière la plus proche du nombre de jours d'un mois lunaire.

[28] Ce décalage provient du calcul approximatif qui a été fait. La connaissance du jour de la semaine (déterminé dans la dernière partie du paragraphe 4) permet de corriger l'approximation.

[29] Le 4 est entre parenthèses parce qu'il ne figure pas dans le texte hébraïque car il est de coutume d'omettre les millénaires lorsqu'il n'y a pas d'équivoque.

premier du mois de Nissane, tu arrives à lundi. Or nous savons déjà que la saison ne commençait pas un lundi, mais un jeudi. C'est pourquoi tu ajouteras jour après jour jusqu'au jeudi, qui est le jour du début de la saison. Il en résulte que la saison de Nissane de cette année commence le huitième jour du mois de Nissane. Tu feras de même pour chaque année.

8. Quand nous avons dit qu'on ajoutait un jour après l'autre jusqu'à arriver au jour où commence la saison, tu n'auras à ajouter qu'un, deux ou trois jours. Il serait très étonnant que tu doives ajouter quatre jours. Si tu trouves que tu dois ajouter plus [de trois jours], sache que tu as fais une erreur dans tes calculs et que tu devras les refaire de façon attentive[30].

---

[30] Le caractère approximatif de l'algorithme fait que cette remarque n'est valable que jusqu'à l'an 5167 (1407). Après cette année, il peut arriver que l'on doive ajouter 4 voire 5 jours (jusqu'à l'an 6000) pour obtenir ce résultat. Si on veut se restreindre à 3 jours, il faut rajouter dans l'algorithme une unité à 7 par tranche d'environ 300 ans.

## Chapitre dix

### *Un autre calcul des saisons*

1. Parmi les Sages d'Israël qui affirment que l'année solaire dure [365 jours] et moins d'un quart [de jour], l'un pense que sa durée est de 365 jours, cinq heures, 997 fractions d'heure et 48 instants[1], l'instant étant un 76ème de fraction d'heure. Selon ce décompte, l'année solaire comportera 10 jours 21 heures 121 fractions d'heure et 48 instants de plus que l'année lunaire. Leur symbole : 10-21-121-48. Tu ne trouveras [par contre] aucun rajout sur un cycle de 19 ans : pour chaque cycle, la durée des [dix-neuf] années solaires coïncidera avec celui des [dix-neuf] années lunaires simples et embolismiques[2].

2. Selon ce décompte, 91 jours 7 heures 519 fractions d'heure et 31 instants séparent deux saisons. Lorsque tu connaitras donc quand commence une saison parmi d'autres, tu ajouteras à cet instant cette durée et tu sauras quand commence la saison suivante, tel que nous l'avons expliqué pour une année qui dure [365 jours et] un quart [de jour].

3. Selon ce décompte, la saison de Nissane de la première année de la Création a précédé de 9 heures et 642 fractions d'heure la nouvelle lune de Nissane[3]. Leur symbole : 9-642. Il en est toujours ainsi pour chaque première année d'un cycle, la saison de Nissane

---

[1] Soit 365 jours 5 heures 33 minutes et 12 secondes environ (365,246822 jours), ce qui est inférieur à l'évaluation des astronomes contemporains (voir note 2 du chapitre précédent). C'est le point de vue de Rav Ada bar Ahava. Ce point de vue n'est pas dans le Talmud, mais rapporté par tradition.

[2] Un cycle contient 6939,689623 jours (voir note 16 chapitre 6). Or d'après cette nouvelle valeur, 19 années solaires ont 19x365,246822 jours = 6939,689622. On peut penser que c'est pour cette propriété des cycles d'années – qui va simplifier les calculs – que Maïmonide a choisi ce point de vue parmi tous les autres car nous verrons plus loin qu'il utilise en fait la valeur donnée par la science actuelle.

[3] Pour Rav Ada bar Ahava, le monde a été créé en Nissane (et non en Tichri) et le soleil a été placé au début du signe du Bélier au commencement de la nuit de mercredi (qui était le premier Nissane). De ce fait, la première saison de la Création était celle de Nissane. Toutefois, la lune a été placée à la fin du signe des Poissons et a mis 9h 642 fractions d'heure à rejoindre le soleil, d'où cette différence entre la première nouvelle lune et la première saison.

*Chapitre dix*

précèdera de 9 heures et 642 fractions d'heure la nouvelle lune de Nissane[4].

4. Lorsque tu connaitras le début de la saison de Nissane de la première année d'un cycle, tu compteras à partir de lui 91 jours 7 heures 519 fractions d'heure et 31 instants pour chaque autre saison jusqu'à la fin du cycle.

5. Si tu veux savoir quand commencera la saison de Nissane selon ce décompte, sache d'abord combien d'années entières du cycle se sont écoulées. Prends pour chacune de ces années le rajout – soit 10-21-121-48 – transforme les instants en fractions d'heure après sommation, les fractions d'heure en heures et les heures en jours, comme dans le calcul de la nouvelle lune. Soustrais du résultat 9 heures et 642 fractions d'heure[5]. Transforme ce qui te reste en mois lunaires et ajoute le nombre de jours inférieur à un mois lunaire [qui te reste] à la nouvelle lune de Nissane de cette année. L'instant que tu obtiendras sera celui du début de la saison de Nissane de cette année.

6. Il me semble que c'est sur ce calcul des saisons que l'on se fondait pour ajouter un mois à l'année[6] à l'époque où le grand Tribunal Rabbinique (Sanhédrin) existait, lorsque qu'on ajoutait un mois en fonction du temps et du besoin, car ce décompte est plus exact que le premier. Il se rapproche plus des notions qui sont expliquées en astronomie que le premier décompte pour lequel l'année solaire dure 365 jours et un quart de jour[7].

7. Les deux façons de calculer les saisons que nous avons exposées sont approximatives et sont [fondées] sur la trajectoire moyenne du soleil et non sur sa position vraie. Mais, pour la position

---

[4] Puisque les années solaires et lunaires d'un cycle coïncident.
[5] Qui, comme nous l'avons dit, représentent le décalage entre la saison de Nissane et la nouvelle lune l'année de la Création. La coïncidence des années solaires et lunaires d'un cycle réduit ainsi le calcul complexe du chapitre précédent à une simple translation.
[6] Voir à ce propos les paragraphes 2 et suivants du quatrième chapitre.
[7] En effet, comme nous l'avons vu à la note 2 du chapitre précédent, l'année astronomique (ou tropique) – dont la valeur semble être connue de Maïmonide, voir note 3 du chapitre 12 – contient 365,242190 jours. Or 365,25 - 365,242190 = 0,00781 soit 11mn 15s, alors que 365,246822 - 365,242190 = 0,004632, soit 6mn 40s.

vraie du soleil, la saison de Nissane commencera, à notre époque[8], environ deux jours[9] avant les deux saisons qui ont résulté de ces calculs. Selon le calcul de celui qui pense que la durée de l'année solaire est de 365 jours et un quart de jour exactement comme selon [le calcul de] celui qui pense que c'est moins d'un quart de jour.

---

[8] Comme nous l'avons vu dans le chapitre précédent, ces approximations ne sont valables qu'à l'époque de Maïmonide ou quelques dizaines d'années avant ou après. Elles devront donc être mises à jours pour des époques ultérieures. La différence entre les trajectoires moyenne et exacte sera expliquée dans les chapitres suivants.

[9] Au plus, car la position moyenne et la position vraie du soleil diffèrent d'au plus deux degrés, ce qui correspond à environ deux jours de trajectoire du soleil, comme nous le verrons au chapitre 13.

# Chapitre onze

## *Introduction aux calculs astronomiques*

1. Comme nous avons dit dans ces lois que le Tribunal Rabbinique faisait des calculs précis et savait si la lune pouvait apparaître ou non, nous savons que celui qui a un esprit logique, dont le cœur est avide de sujets scientifiques et veut en percer les secrets, désirera connaître ces méthodes de calcul grâce auxquelles l'homme peut savoir si la lune apparaîtra telle nuit ou non.

2. Il existe de grandes controverses chez les anciens sages des nations qui ont mené des recherches sur le calcul des saisons et sur la géométrie. De grands sages ont fait des erreurs et n'ont pas tenu compte de certains paramètres, ce qui a engendré chez eux des doutes. Certains ont été très rigoureux sans avoir pu trouver la bonne façon de calculer le moment où la lune apparaît. Ils se sont noyés dans des eaux déferlantes et en sont [finalement] sortis avec un [morceau de] terre cuite dans leur main[1].

3. À force de temps et de nombreuses recherches et investigations, certains sages [ont fini par] trouver ces méthodes de calcul. Nous avons de plus, par transmission de [ces] sages, des notions et des preuves sur ces principes qui n'ont pas été écrites dans des livres connus par tous. Pour toutes ces raisons, il me semble opportun d'exposer ces méthodes de calcul, afin qu'elles soient à la disposition de celui dont le cœur désire aller à la rencontre de cette tâche pour l'accomplir.

4. Il ne faut pas que ces méthodes soient sans importance à tes yeux parce que nous n'en avons pas besoin de nos jours. En effet, elles sont complexes et profondes. C'est le secret du calcul des mois et des années[2] que les grands Sages connaissaient et qu'ils ne transmettaient qu'à ceux qui étaient reconnus pour leur savoir et leur capacité de

---

[1] Cette périphrase signifie qu'ils n'ont finalement rien tiré de substantiel de leurs calculs. Les ustensiles en terre cuite étaient peu coûteux, c'est pourquoi un morceau de terre cuite n'avait aucune valeur.
[2] L'expression « calcul des mois et des années » est en fait la traduction du mot *ibour*, dont le sens est discuté dans le premier chapitre. Ce savoir exigeait une connaissance approfondie de l'astronomie et des calculs géométriques que possédaient les Sages d'Israël.

réflexion. Mais, de nos jours, où le Tribunal Rabbinique ne fixe pas le calendrier sur le témoignage de l'apparition de la lune, le calcul que nous utilisons peut être complètement assimilé par des enfants étudiant chez un maître en trois ou quatre jours.

5. Il est possible qu'un sage des nations ou d'Israël, qui a étudié la science grecque [3], analyse les méthodes que j'utilise pour déterminer l'apparition de la lune et voie une petite approximation dans certaines méthodes. Il pourrait alors penser que nous l'ignorions et que nous n'avions pas connaissance de ces approximations. Il ne faut pas qu'il pense cela car, si nous n'avons pas été rigoureux sur certaines choses, c'est parce que nous savions, par des preuves claires fondées sur les principes de la géométrie, que cela n'enlevait rien à la connaissance du moment de l'apparition de la lune et qu'il ne fallait pas y prêter attention. C'est pourquoi nous avons été imprécis.

6. De même, lorsqu'il verra un petit manque dans un calcul utilisé dans une méthode, [il faut qu'il sache que] c'était intentionnel car il y a un petit ajout dans un autre calcul qui le compense et on obtiendra un résultat juste par ces approximations en évitant de longs calculs. Cela, afin que celui qui n'est pas habitué à ces choses-là ne soit pas effrayé par la profusion de calculs inutiles à notre propos.

7. Voici les principes qu'un homme doit connaître pour tous les calculs astronomiques, pour l'apparition de la lune ou pour les autres sujets : le zodiaque[4] est divisé en 360 degrés [d'angle]. Chacun de ses signes comprend trente degrés, en commençant par le signe du Bélier. Chaque degré contient 60 minutes, chaque minute, 60 secondes[5] et chaque seconde, 60 tierces. Tu peux ainsi calculer avec précision et subdiviser chaque fois que tu le veux.

---

[3] La plupart des méthodes, des calculs et des tables exposés dans ce chapitre et les suivants sont fondés sur l'Almageste, ouvrage d'astronomie de référence à l'époque, écrit en grec par l'astronome Claude Ptolémée au deuxième siècle de l'ère vulgaire. Cette œuvre, en grande partie fondée sur les résultats de Hipparque, astronome grec du deuxième siècle avant l'ère vulgaire, avait été traduite en arabe et largement diffusée chez les savants du monde arabe à l'époque de Maïmonide. Le nom « Almageste » est d'ailleurs la transcription du titre arabe de cet ouvrage.
[4] Voir note 10 du chapitre 9.
[5] Attention ! À ne pas confondre avec les minutes et secondes de temps.

*Chapitre onze*

8. Ainsi, si le calcul te donne que telle planète se trouve à 70 degrés, 30 minutes et 40 secondes du zodiaque, tu sauras qu'il se trouve à la moitié du onzième degré du signe des Gémeaux[6]. En effet, le signe du Bélier comporte 30 degrés et celui du Taureau, 30 degrés. Il reste donc dix degrés et demi du signe des Gémeaux et 40 secondes du dernier demi-degré.

9. De même, si elle se trouve à 320 degrés du zodiaque, tu sauras que cette planète se situe au vingtième degré du signe du Verseau. Il en est ainsi pour tous les nombres. Voici l'ordre des signes du zodiaque : Bélier, Taureau, Gémeaux, Cancer, Lion, Vierge, Balance, Scorpion, Sagittaire, Capricorne, Verseau, Poissons[7].

10. Dans tous les calculs, lorsque tu rassembles un reste et un autre, ou tu ajoutes un nombre à un autre, tu rassembleras les mêmes unités : les secondes avec les secondes, les minutes avec les minutes et les degrés avec les degrés. Chaque fois que soixante secondes se rassembleront, tu formeras une minute que tu ajouteras aux minutes. Chaque fois que soixante minutes se rassembleront, tu formeras un degré que tu ajouteras aux degrés. Et quand tu rassembleras les degrés [et que tu obtiendras un nombre supérieur à 360], tu en feras un paquet de 360 et c'est le reste inférieur à ce nombre que tu retiendras pour les calculs[8].

11. Dans tous les calculs, lorsque tu voudras soustraire un nombre à un autre, si le nombre soustrait est inférieur au nombre auquel on soustrait, ne serait-ce que d'une minute, tu ajouteras 360[9] degrés au nombre auquel on soustrait de telle sorte qu'on puisse lui soustraire l'autre nombre.

12. Comment ? Si le calcul t'amène à soustraire deux cents degrés 50 minutes et 40 secondes – dont le symbole est 200-50-40 – à 100 degrés 20 minutes et 30 secondes – dont le symbole est 100-20-30, tu ajouteras 360 à 100, ce qui te donnera 460 degrés et tu commenceras à soustraire les secondes aux secondes, ce qui

---

[6] En négligeant les secondes.
[7] La représentation des signes du zodiaque a été donnée dans la note 10 du chapitre 9.
[8] Car un tour de 360 degrés ramène à l'origine des angles, soit à l'angle 0.
[9] Cela est possible car, comme nous l'avons dit, 0 et 360 degrés représentent le même angle.

t'amènera à soustraire quarante à trente et c'est impossible. Prélève [alors] une minute aux vingt minutes et transforme-la en soixante secondes que tu ajouteras aux trente, ce qui te donnera quatre-vingt-dix secondes. Soustrais-leur les quarante, cela te donnera cinquante secondes. Reviens et soustrais [maintenant] cinquante minutes à 19 minutes dont tu as déjà prélevé une minute pour la transformer en secondes. Or il est impossible de soustraire cinquante à dix-neuf. Prélève alors un degré et transforme le en soixante minutes que tu ajouteras à dix-neuf, ce qui te donne soixante-dix-neuf minutes. Soustrais-leur cinquante, il restera vingt-neuf minutes. Reviens et soustrais [maintenant] deux cents degrés à quatre cents et 59 degrés[10] dont tu as déjà prélevé un degré pour le transformer en minutes. Il restera deux cent cinquante-neuf degrés et il en résulte que le reste [de notre soustraction] a pour symbole 259-29-50[11]. C'est de cette façon [qu'on mènera les calculs] pour toute soustraction se rapportant au soleil ou à la lune.

---

[10] Car nous avions au départ 100 degrés auxquels nous avons prélevé un degré et auxquels nous ajoutons 360 degrés. Cela fait 100 − 1 + 360 = 459.

[11] Comme nous le voyons, ces calculs sont plutôt complexes. C'est pour cette raison que, de nos jours, les minutes et secondes sont traduites en valeurs décimales afin de faire les opérations sur des nombres décimaux. On remplace pour cela les minutes et secondes par des fractions de degrés, une minute étant 1/60ème de degré et une seconde, 1/3600ème de degré (car un degré contient 60 minutes qui contiennent chacune 60 secondes et 60x60 = 3600). D'autre part, on utilise le symbole « ° » pour les degrés, le symbole « ' » pour les minutes et « '' » pour les secondes. Ainsi, 200-50-40 s'écrira 200° 50' 40'' et donnera, en notation décimale : 200 + 50/60 + 40/3600 = 200,844444 degrés. De même, 100-20-30 donne 100° 20' 30'' = 100 + 20/60 + 30/3600 = 100,341667 degrés. En rajoutant 360° à 100°, on obtient 460,341667 - 200,844444 = 259,497227 degrés. Le nombre de minutes est obtenu (si nécessaire) en multipliant 0, 497227 par 60 minutes, ce qui donne 29,83362 minutes. Puis on obtient le nombre de secondes en multipliant 0,83362 par 60 secondes et on trouve 50,0172, soit 50 secondes, aux erreurs d'arrondis près. On a donc bien 100° 20' 30''-200° 50' 40'' = 259° 29' 50''. En pratique, le retour aux minutes et secondes est rarement opéré puisque les angles sont donnés sous forme décimale. On peut aussi s'abstenir d'ajouter 360° et obtenir un angle dont la valeur est négative, mais les nombres négatifs n'étaient pas utilisés à cette époque.

*Chapitre onze*

13. De même, la trajectoire de chacune des sept planètes[12] dans son orbite circulaire est [à vitesse] constante. Il n'y a ni accélération, ni ralentissement. Leur mouvement d'aujourd'hui est le même que celui d'hier et sera le même demain ou tout autre jour. Et bien qu'elles tournent dans l'espace, le centre de l'orbite circulaire de chacune d'elles n'est pas la terre[13].

14. Aussi, si tu compares la trajectoire de chacune d'elles à l'orbite dont la terre est le centre, qui est celui du zodiaque[14], sa vitesse changera et il en résulte que son déplacement ce jour dans

---

[12] Il s'agit des planètes visibles du système solaire, à savoir Mercure, Vénus, Mars, Jupiter, Saturne, auxquelles s'ajoutent la lune et le soleil (Pluton n'était pas encore connue des astronomes). Dans tout ce qui suit, le système solaire sera décrit dans un repère géocentrique (voir Annexe 1).

[13] Maïmonide fait ici référence en quelques mots à une problématique complexe. En effet, comme nous l'avons dit dans le premier chapitre, le système solaire était décrit à cette époque dans un repère géocentrique et non héliocentrique comme de nos jours (voir Annexe 1). Or dans un repère héliocentrique, les planètes tournent autour du soleil (à l'exception de la lune qui tourne autour de la terre) et leurs trajectoires ont des ellipses quasi-circulaires (à l'exception de Mercure dont la trajectoire est très aplatie). Dans un référentiel géocentrique, les trajectoires des planètes sont bien plus complexes, puisqu'elles ne tournent pas autour de la terre. Les deux seules planètes dont la trajectoire est simple sont le soleil (dont la trajectoire dans un repère géocentrique est la même que celle de la terre dans un repère héliocentrique parce que la terre tourne autour du soleil) et la lune qui tourne autour de la terre. Toutefois, même le soleil et la lune n'ont pas de trajectoires vraiment circulaires dans ce repère, comme nous l'avons dit plus haut. Pour décrire ces mouvements complexes, Ptolémée utilise la superposition de trajectoires circulaires (à vitesse constante) n'ayant pas la terre comme centre. L'exemple le plus simple est celui du soleil. Dans cette description, le soleil a une trajectoire circulaire à vitesse constante autour d'un centre qui n'est pas la terre. De ce fait, vue de la terre, sa trajectoire est un cercle déformé dont la vitesse varie. C'est le sens des paroles de Maïmonide dans ce paragraphe et le précédent, comme nous en donnons une illustration dans la Figure 11-1. Pour la lune, comme nous le verrons dans le chapitre 14, plusieurs trajectoires circulaires seront superposées. La trajectoire du soleil sera décrite d'un point de vue légèrement différent dans le chapitre 13.

[14] Car la terre est au centre du zodiaque (voir note 6 du chapitre 9).

l'orbite du zodiaque sera plus ou moins important que celui d'hier ou que celui de demain[15].

15. La trajectoire régulière que décrit la planète, le soleil ou la lune dans son orbite circulaire est appelée « trajectoire moyenne ». La trajectoire décrite dans le zodiaque, qui est quelquefois plus rapide et quelquefois plus lente, est appelée « trajectoire vraie ». C'est là que se trouvera le véritable emplacement du soleil ou de la lune.

16. Nous avons déjà dit que les méthodes que nous allons décrire dans ces chapitres ne sont destinées qu'au calcul de l'apparition de la lune. C'est pourquoi nous avons fixé le moment à partir duquel nous commencerons toujours ce calcul au début de la nuit du jeudi[16] dont la date est le trois du mois de Nissane de cette année, qui est la 17ème année du 260ème cycle, qui est l'an 4938[17] depuis la Création, qui est l'an 1489 des contrats[18], qui est l'an 1109 de la destruction du Temple[19]. C'est cette année que nous appelons l'année d'origine dans ce calcul.

---

[15] La vitesse du soleil dans l'orbite circulaire est constante alors que la vitesse dans l'autre orbite oscille autour de cette constante, comme cela est représenté dans la Figure 11-2.
[16] Soit mercredi soir.
[17] Soit l'an 1178 de l'ère vulgaire.
[18] Appelée aussi ère Séleucide, qui commence en -311.
[19] Qui aurait donc été détruit, d'après Maïmonide, en l'an 69 de l'ère vulgaire. Cette date varie entre 68 et 70 dans la tradition juive.

*Chapitre onze*

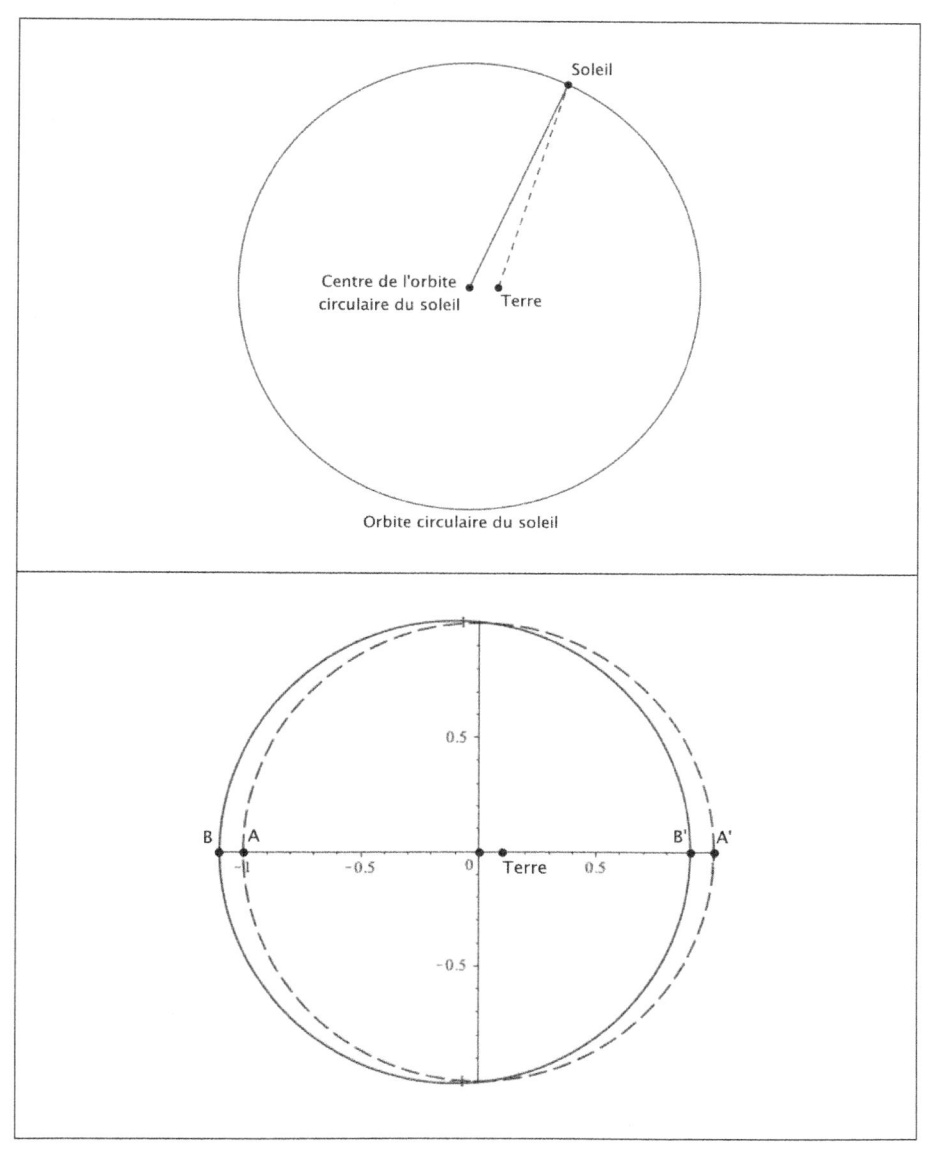

Figure 11-1 : En haut, représentation de l'orbite circulaire de la terre et de la position de la terre dans cette orbite (la distance $d$ entre le centre et la terre a été exagérée (on a pris $d = 0.1$ au lieu de $d = 0.0167$, qui correspond à la position du soleil) pour rendre plus claires les choses). La distance en trait continu est constante, quelle que soit la position du soleil, alors que celle en tirets varie. En bas, la trajectoire circulaire par rapport au centre $O$ (en tirets) et la trajectoire du soleil (qui n'est pas circulaire) vue de la terre (en trait continu). On peut par exemple remarquer que les points $A$ et $A'$ sont symétriques par rapport à $O$, alors que $B$ et $B'$ ne le sont pas par rapport à la terre

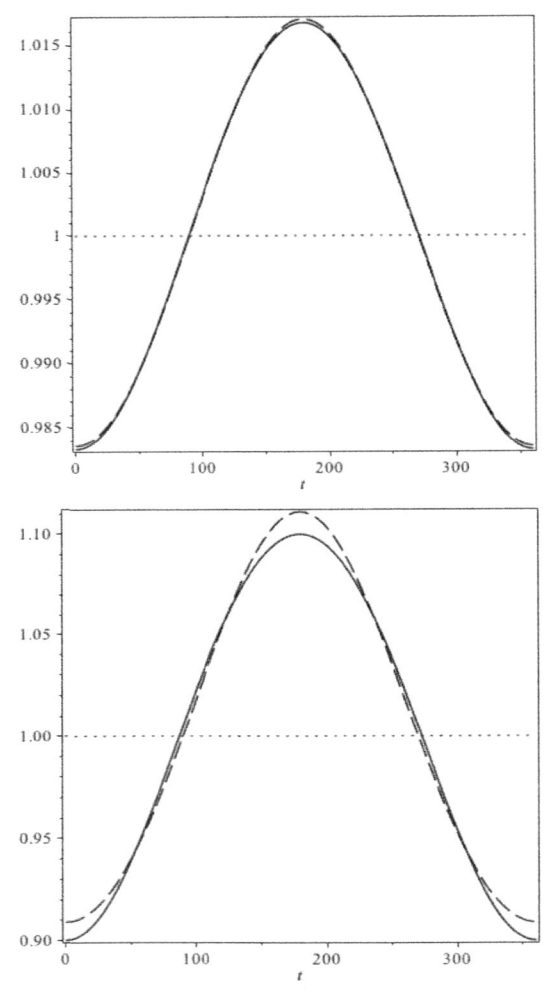

Figure 11-2 : En haut : vitesse du soleil dans l'orbite non-circulaire (pour $d = 0.0167$) définie dans la Figure 11-1 (trait continu) comparée à sa vitesse effective dans son orbite elliptique (tirets). La vitesse dans l'orbite circulaire est égale à 1 (pointillés). En bas : mêmes vitesses pour $d = 0.1$. On voit que, lorsque $d$ augmente, la différence entre la vitesse pour l'orbite définie dans la Figure 11-1 et pour l'orbite elliptique se creuse. Cela montre que l'interprétation en termes de centres décalés n'est valable que pour des petits décalages qui correspondent à des ellipses pas trop aplaties (car $d$ mesure l'aplatissement de l'ellipse)

17. Comme l'apparition de la lune n'a d'utilité qu'en terre d'Israël, comme nous l'avons expliqué, nous avons fondé tout ce calcul sur la ville de Jérusalem et les autres endroits autour d'elle qui sont à une distance de six ou sept jours [de marche[20]] car c'est toujours en ces endroits-là que l'on voyait la nouvelle lune et qu'on venait témoigner au Tribunal Rabbinique. Ce lieu est dirigé, par rapport à la ligne équatoriale qui entoure le globe en son milieu, à environ 32 degrés[21] vers le nord et s'étend de 29 à 35 degrés. De même, il est dirigé à environ 24 degrés vers l'ouest à partir de la ligne médiane des terres civilisées[22] et s'étend de 21 à 27 degrés.

---

[20] Qui peuvent être parcourus à cheval en un jour car les témoins voyaient la lune la veille au soir et venaient témoigner le lendemain avant le coucher du soleil, comme nous l'avons vu précédemment.
[21] Qui est la latitude de Jérusalem.
[22] Jérusalem étant à 35 degrés de longitude Est, la somme de 35 et 24 degrés situerait cette ligne vers la frontière Est de l'Iran actuel. Cette origine des méridiens ne semble pas correspondre à celle de Ptolémée.

## Chapitre douze

### *Position moyenne du soleil*

1. La trajectoire moyenne du soleil en un jour – qui est de 24 heures – est 59 minutes et huit secondes[1]. Leur symbole : 24 59-8. De ce fait, sa trajectoire en dix jours est de neuf degrés, 51 minutes et 23 secondes[2]. Leur symbole : 9-51-23. Il en résulte que sa trajectoire en cent jours est de 98 degrés, trente-trois minutes et 53 secondes. Leur symbole : 98-33-53[3]. Il en résulte que sa trajectoire en mille jours, après avoir déduit tous les [multiples de] 360, comme nous l'avons expliqué, est de 265 degrés, 38 minutes et 50 secondes. Leur symbole : 265-38-50. Il en résulte que sa trajectoire en dix mille jours est de 136 degrés, 28 minutes et 20 secondes. Leur symbole : 136-28-20. De cette manière, tu obtiendras sa trajectoire pour tout nombre [de jours] en multipliant[4]. De même, si tu veux avoir des valeurs prêtes de sa

---

[1] La trajectoire est définie dans un référentiel géocentrique (voir Annexe 1). La valeur donnée ici a été obtenue en divisant 360 degrés par le nombre de jours d'une année solaire.
[2] La multiplication de 59 minutes et 8 secondes par 10 donne 9 degrés 51 minutes et 20 secondes. Le nombre de 23 secondes vient du fait que les 8 secondes sont en fait 8 secondes plus un nombre inférieur à 30 tierces que Maïmonide a supprimé (car on arrondit à la valeur inférieure lorsque le nombre de tierces est inférieur à une demi-seconde), mais dont il a tenu compte pour sa multiplication. Il en va de même pour les autres multiples que nous trouverons dans ce chapitre et les suivants.
[3] Selon ce résultat, qui est – comme nous l'avons dit dans la note précédente – plus précis que la trajectoire en un jour, l'année solaire comporte 365,242241 jours. Cette valeur est différente de celles données dans les neuvième et dixième chapitres et est très proche de celle de l'année tropique (365,242190), mentionnée dans la deuxième note du neuvième chapitre. On trouve un nombre équivalent pour 1000 jours.
[4] En effet, la connaissance de la trajectoire pour des multiples de dix jours (10, 100, 1000, 10000) permet un calcul rapide de la trajectoire pour tout nombre de jours. Par exemple, si l'on veut connaître la trajectoire en 23647 jours, il suffit de décomposer ce nombre en 2x10000+3x1000+6x100+4x10+7 et de remplacer les multiples de dix qui apparaissent dans cette décomposition par la trajectoire correspondant à ce nombre de jours, c'est-à-dire 2x(136° 28' 20'')+3x(265° 38' 50'')+6x(98° 33' 53'')+4x(9° 51' 23'')+7x(59' 8'') = 1707° 35' 56'', soit 267° 35' 56'' après suppression des multiples de 360°. Cette méthode évite la multiplication de la trajectoire en un jour par un grand nombre. De plus, il évite le cumul des approximations mentionné dans la note 2.

trajectoire en deux, trois, quatre jusqu'à dix jours, fais-le. De même, si tu veux avoir des valeurs prêtes de sa trajectoire en vingt, trente, quarante jusqu'à cent jours, fais-le. Cela est clair et faisable puisque tu connais sa trajectoire en un jour. Il est utile d'avoir déjà à sa disposition la trajectoire moyenne du soleil pendant 29 jours, ou 354 jours qui correspondent à la durée d'une année lunaire dont les mois sont en ordre[5], appelée « année ordonnée ». Car, lorsque tu auras ces données [déjà] prêtes, le calcul de l'apparition de la lune te sera [plus] facile. En effet, il y a 29 jours entiers entre l'apparition de la lune d'un mois et celle du mois suivant. De même, il n'y a ni plus ni moins que 29 jours pour chaque mois. Car nous désirons uniquement connaître, par tous ces calculs, [le moment de] l'apparition de la lune. De même, entre le soir où apparaît la lune tel mois et son apparition le même mois de l'année suivante, il y a une année ordonnée ou une année plus un jour. Il en est de même pour chaque année. La trajectoire moyenne du soleil en 29 jours est de 28 degrés, 35 minutes et une seconde. Leur symbole : 28-35-1. Sa trajectoire en une année ordonnée est de 348 degrés, 55 minutes et 15 secondes. Leur symbole : 348-55-15.

2. Il existe un point dans l'orbite du soleil, ainsi que dans les orbites des sept planètes tel que, lorsqu'une planète est en ce point, elle brillera au-dessus de la terre de toute sa lumière[6]. Ce point du soleil et des autres planètes, à l'exception de la lune, a un mouvement circulaire uniforme[7]. Son déplacement est d'environ un degré chaque

---

[5] C'est-à-dire dont les mois sont de 30 et 29 jours alternativement, comme cela a été défini au paragraphe 6 du chapitre huit.
[6] La trajectoire du soleil dans le référentiel géocentrique (Annexe 1) n'est pas dans le plan de l'équateur, mais dans un plan appelé écliptique faisant un angle de 23 degrés et 26 minutes environ avec l'équateur (parce que l'axe de la terre fait cet angle avec le plan de la trajectoire de la terre autour du soleil). En fait, le plan de l'écliptique est la base du zodiaque (voir Figure 19-1) et de la voie lactée. De ce fait, pour un observateur (fictif) situé au centre de ce référentiel, la trajectoire du soleil sera vue comme un arc de cercle incliné qui atteindra son apogée lorsque le soleil se trouvera face à lui, à l'exemple du soleil qui se lève à l'est et se couche à l'ouest (dans un référentiel terrestre (Annexe 1)) et passe à midi par son point le plus haut. Il en va de même des autres planètes dont les orbites sont aussi dans l'écliptique car toutes leurs orbites sont dans un même plan.
[7] Le lent déplacement de ce point est dû à la rotation de l'axe de la terre sur lui-même. Cette rotation – qui se fait en 25000 ans environ – induit une lente modification de l'angle que fait l'axe avec le plan de l'orbite de la terre autour du soleil, et donc de la position de l'apogée du soleil, comme nous l'avons

soixante-dix ans [8]. Ce point est appelé l'apogée du soleil. Son déplacement en dix jours est d'une seconde et une demi-seconde, c'est-à-dire 30 tierces. Il en résulte que son déplacement en 100 jours est de 15 secondes. Son déplacement en mille jours est de deux minutes et trente secondes. Son déplacement en dix mille jours est de 25 minutes. Il en résulte que son déplacement en vingt-neuf jours est d'un peu plus de quatre secondes et de 53 secondes pour une année ordonnée.

Nous avons déjà dit que l'origine à partir de laquelle nous commençons ce calcul est au début de la nuit du jeudi dont la date est le trois du mois de Nissane de l'année 4938. L'emplacement du soleil, dans sa trajectoire moyenne était ce jour-là à sept degrés trois minutes et 32 secondes dans le signe du Bélier. Leur symbole : 7-3-32. L'emplacement de l'apogée du soleil était ce jour-là à 26 degrés, 45 minutes et huit secondes dans le signe des Gémeaux. Leur symbole : 26-45-8.

Si tu veux connaître la position du soleil sur sa trajectoire moyenne en tout temps que tu veux, prends le nombre de jours qui séparent l'origine du jour voulu. Déduis des valeurs que nous avons données le trajet qu'il a parcouru pendant ces jours-là. Ajoute le tout à sa [position à] l'origine et regroupe chaque unité ensemble. Le résultat est la position du soleil dans sa trajectoire moyenne ce jour-là.

Comment : supposons que nous voulions connaître la position moyenne du soleil au début de la nuit du Chabbath[9] dont la date est le quatorze du mois de Tamouz de cette année, qui est l'année de l'origine. Nous trouvons que le nombre de jours qui séparent l'origine du jour pour lequel nous voulons connaître la position du soleil est égal à cent jours. Nous prenons la trajectoire moyenne en cent jours qui est 98-33-53 que nous ajoutons à la position à l'origine qui est 7-3-32. Le calcul donne cent cinq degrés, 37 minutes et 25 secondes. Leur symbole : 105-37-25. Il en résulte que sa position, dans sa trajectoire moyenne, au début de cette nuit, est dans le signe du Cancer, à 15 degrés et 37 minutes du seizième degré.

La [position] moyenne qui résulte de ce calcul correspondra quelquefois exactement au début de la nuit ou précèdera le coucher

---

expliqué dans la note précédente. Cette lente rotation est aussi à l'origine de la précession des équinoxes mentionnée dans la note 5 du premier chapitre et du déplacement des signes du zodiaque évoqué dans la note 6 du chapitre 9.

[8] Or 70 ans x 360 degrés = 25200 ans.
[9] C'est-à-dire vendredi soir à 18h.

*Chapitre douze*

du soleil d'une heure ou le suivra d'une heure[10]. Ne fais pas attention à cela pour le soleil dans le calcul de la nouvelle lune car cette approximation sera compensée lorsque nous calculerons la [position] moyenne de la lune.

Tu feras toujours ainsi pour tous les moments que tu voudras, même après mille ans. Lorsque tu assembleras tous les restes que tu ajouteras à l'origine, tu obtiendras la position moyenne. Tu en feras de même pour la [position] moyenne de la lune ou de toutes les autres planètes. Une fois que tu connaîtras leur trajectoire en un jour et l'origine à partir de laquelle tu commenceras et que tu calculeras son déplacement pour toutes les années et les jours que tu voudras – que tu ajouteras à l'origine – tu obtiendras leur position dans leur trajectoire moyenne.

Tu en feras [aussi] de même pour le soleil : tu ajouteras à l'origine son déplacement pendant ces jours ou ces années et tu obtiendras la position de l'apogée du soleil le jour que tu voudras. Maintenant, si tu veux calculer une autre origine à partir de laquelle tu débuteras ton calcul, différente de l'origine de cette année à partir de laquelle nous avons commencé, afin que cette origine soit au début d'un cycle donné ou d'un siècle parmi les autres, tu en as le droit. Et si tu veux que l'origine à partir de laquelle tu commenceras soit une des années qui ont précédé cette origine ou se situe plusieurs années après cette origine, la méthode est simple.

Quelle est cette méthode ? Tu connais déjà la trajectoire du soleil en une année ordonnée, sa trajectoire en vingt-neuf jours et sa trajectoire en un jour. Il est connu qu'une année dont les mois sont entiers a un jour de plus qu'une année ordonnée et qu'une année dont les mois sont incomplets a un jour de moins qu'une année ordonnée[11]. Quant à l'année embolismique : si ses mois sont en ordre, elle aura trente jours de plus qu'une année ordonnée. Si ses mois sont pleins, elle aura trente et un jours de plus qu'une année ordonnée. Si [enfin] ses mois sont incomplets, elle aura vingt-neuf jours de plus qu'une année ordonnée. Puisque toutes ces valeurs sont connues, tu [pourras] en déduire la [position] moyenne du soleil pour toutes les années et les jours que tu voudras, que tu ajouteras à l'origine que

---

[10] Car le calcul est fait pour une journée ayant douze heures de jour et douze heures de nuit, ce qui n'est vrai qu'aux équinoxes. Dans les autres périodes, les jours peuvent être plus longs ou plus courts que les nuits, ce qui explique ce décalage entre le calcul et la réalité. À Jérusalem, le coucher du soleil varie de 16h40 à 18h45 environ (sans tenir compte de l'heure d'été).
[11] Voir les paragraphes 5 et 6 du huitième chapitre pour ces définitions.

nous avons choisie. Tu obtiendras [ainsi] la [position] moyenne le jour que tu voudras dans les années à venir et tu feras de ce jour une [nouvelle] origine. Tu pourras aussi soustraire à l'origine que nous avons choisie la [position] moyenne que tu as trouvée et tu obtiendras une origine le jour que tu voudras dans les années passées. Tu prendras [alors] cette [position] moyenne comme nouvelle origine. Tu en feras de même pour la [position] moyenne de la lune ou des autres planètes, si tu les connais.

Nous t'avons donc expliqué par nos paroles que, de même que tu pourras connaître la position moyenne du soleil en tout jour que tu voudras des jours à venir, tu pourras aussi la connaître pour les jours que tu voudras des jours passés.

## Chapitre treize

### *Position vraie du soleil*

1. Si tu veux connaître la position vraie du soleil[1] chaque jour que tu veux, détermine d'abord sa position moyenne[2] ce jour-là de la façon que nous avons expliquée et détermine la position de l'apogée du soleil. Puis soustrais la position de l'apogée à la position moyenne du soleil[3]. Ce qui reste est appelé « chemin du soleil ».

2. Vois à combien de degrés est égal le chemin du soleil. S'il est de moins de 180 degrés, tu retrancheras le déphasage du chemin à la position moyenne du soleil[4]. S'il est entre 180 et 360 degrés, tu

---

[1] Appelée aussi anomalie vraie. C'est la position qu'il occupe dans son orbite véritable (dans le référentiel géocentrique) qui est, comme nous l'avons dit, légèrement elliptique et non circulaire.

[2] Ou anomalie moyenne. C'est la position dans l'orbite circulaire fictive qui est une approximation de son orbite elliptique. Voir chapitres 11 et 12.

[3] Cette soustraction revient à prendre l'apogée comme origine de la trajectoire du soleil. Ce choix permet d'avoir un même chemin parcouru par le soleil en un temps donné, quelle que soit la position de son apogée.

[4] Comme nous l'avons dit dans la note 3 du chapitre 11, les résultats présentés par Maïmonide proviennent principalement de l'Almageste de Ptolémée. Celui-ci a expliqué le changement de vitesse du soleil lors de sa trajectoire en supposant que le soleil avait une trajectoire circulaire dont le centre n'était pas la terre, mais assez proche de celle-ci, comme cela est représenté dans la Figure 13-1 (cette approche est différente de celle de la note 3 du chapitre 11), dans laquelle le point T est le centre de la terre et le point T', le centre du cercle (fictif) dans lequel tourne le soleil (la distance entre les deux centres a été exagérée par souci de clarté). Du fait de la très petite déformation de la trajectoire elliptique du soleil par rapport à sa trajectoire moyenne (Figure 13-2), cette approche donne des résultats satisfaisants par le calcul. Il faut cependant déterminer un angle de déphasage pour pouvoir calculer les autres angles. Le déphasage (c'est-à-dire la différence entre la position vraie et la position moyenne) maximum donné par Maïmonide est égal à un degré et 59 minutes (Ptolémée trouve deux degrés et 23 minutes, ce qui est bien moins précis que la valeur donnée par Maïmonide et la valeur donnée par la physique actuelle, égale à un degré et 55 minutes). En utilisant la valeur donnée par Maïmonide dans le modèle géométrique de Ptolémée, les valeurs du déphasage du paragraphe 4 coïncident avec les données actuelles pour les angles inférieurs ou égaux à 60 degrés et restent une approximation satisfaisante pour les autres angles (voir Annexe 3 pour plus de détails).

*La sanctification du mois*

ajouteras[5] le déphasage au chemin à la position moyenne du soleil. Ce que tu obtiendras après avoir ajouté ou retranché est la position vraie du soleil.

3. Sache que si le chemin est égal à 180 ou 360 [degrés], il n'y a pas de déphasage. La position moyenne coïncide avec la position vraie[6].

4. Quelle est la valeur du déphasage du chemin ? Si le chemin est égal à dix degrés, son déphasage sera 20 minutes. Si le chemin est égal à 20 degrés, son déphasage sera 40 minutes. Si le chemin est égal à 30 degrés, son déphasage sera 58 minutes. Si le chemin est égal à 40 degrés, son déphasage sera un degré et 15 minutes. Si le chemin est égal à 50 degrés, son déphasage sera un degré et 29 minutes. Si le chemin est égal à 60 degrés, son déphasage sera un degré et 41 minutes. Si le chemin est égal à 70 degrés, son déphasage sera un degré et 51 minutes. Si le chemin est égal à 80 degrés, son déphasage sera un degré et 57 minutes. Si le chemin est égal à 90 degrés, son déphasage sera un degré et 59 minutes. Si le chemin est égal à 100 degrés, son déphasage sera un degré et 58 minutes. Si le chemin est égal à 110 degrés, son déphasage sera un degré et 53 minutes. Si le chemin est égal à 120 degrés, son déphasage sera un degré et 45 minutes. Si le chemin est égal à 130 degrés, son déphasage sera un degré et 33 minutes. Si le chemin est égal à 140 degrés, son déphasage sera un degré et 19 minutes. Si le chemin est égal à 150 degrés, son déphasage sera un degré et 1 minute. Si le chemin est égal à 160 degrés, son déphasage sera 42 minutes. Si le chemin est égal à 170 degrés, son déphasage sera 21 minutes. Si le chemin est égal à 180 degrés, il n'y a pas de déphasage, comme nous l'avons expliqué. La position moyenne coïncide avec la vraie position[7].

5. Si le chemin est supérieur à 180 degrés, tu le soustrairas à 360 degrés et tu obtiendras son déphasage[8]. Comment ? Supposons que le chemin ait pour valeur 200 degrés. Soustrais-le à 360 et tu obtiendras 160 degrés. Or nous savons déjà que le déphasage de 160

---

[5] La raison de ce changement de signe apparaît dans la Figure 13-1.
[6] Comme on peut le voir dans la Figure 13-1.
[7] La justification de ces valeurs est donnée dans l'Annexe 3.
[8] Du fait de la symétrie de l'ensemble des deux cercles par rapport à l'axe horizontal (Figure 13-1).

*Chapitre treize*

degrés est 42 minutes. Le déphasage de 200 degrés sera de même égal à 42 minutes.

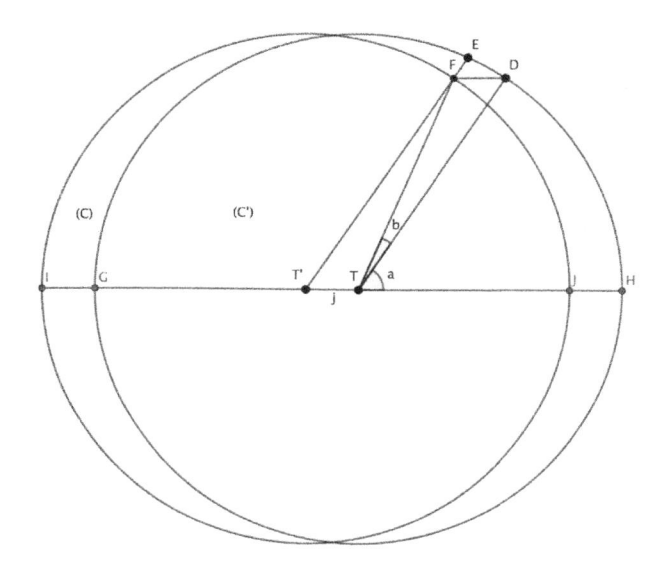

Figure 13-1 : Calcul approché du décalage angulaire par la méthode des cercles. Le point $D$ représente la position moyenne et $F$ la position vraie. L'angle $a$ est la position moyenne du soleil et le déphasage est l'angle $b$

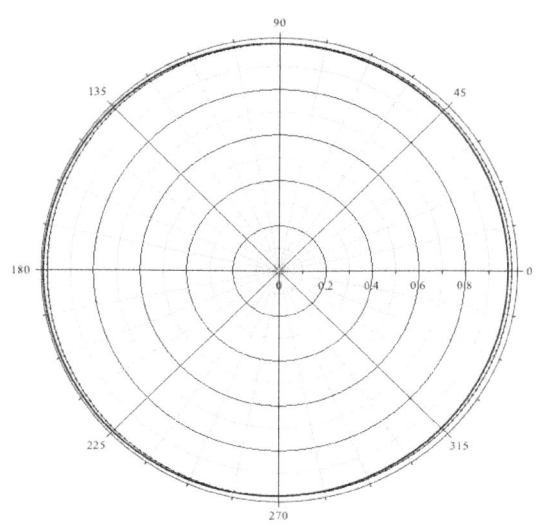

Figure 13-2 : Trajectoire moyenne (en pointillés) et vraie (en trait plein) du soleil dans un repère géocentrique. On voit que la déformation est très faible

6. De même, si le chemin est égal à 300 degrés. Soustrais-le à 360 et tu obtiendras 60 degrés. Or nous savons déjà que le déphasage de 60 degrés est un degré et 41 minutes. Le déphasage de 300 degrés sera de même égal à un degré et 41 minutes. Il en va de même pour chaque valeur [du chemin].

7. Supposons que le chemin ait pour valeur 65 degrés. Nous savons déjà que le déphasage correspondant à 60 degrés est égal à un degré et 41 minutes et celui qui correspond à 70 degrés est égal à un degré et 51 minutes. La différence entre les deux valeurs est donc de 10 minutes. Selon le décompte des degrés, il y a une minute par degré. Le déphasage correspondant au chemin égal à 65 degrés sera donc un degré et 46 minutes[9].

8. De même, si le chemin était égal à 67 degrés, son déphasage serait un degré et 48 minutes. Tu en feras de même pour tout chemin dont le nombre sera des dizaines et des unités, dans tout calcul pour le soleil ou pour la lune.

9. Comment ? Supposons que nous voulions connaître la vraie position du soleil au début de la nuit du Chabbath, 14 du mois de Tamouz de cette année. Détermine tout d'abord la position moyenne du soleil à ce moment. Sa valeur est 105-37-28, comme nous l'avons expliqué. [Puis] détermine la position de l'apogée du soleil à ce moment. Tu obtiendras alors 86-45-23. Soustrais la position de l'apogée à la position moyenne. Tu obtiendras un chemin égal à 18 degrés 52 minutes et deux secondes. Leur symbole : 18-52-2. Ne fais pas attention aux minutes dans la valeur du chemin : s'il y en a moins que trente, ignore-les, et si elles sont au nombre de trente ou plus, transforme les en un degré que tu ajouteras au nombre de degrés du chemin. Ce chemin-là sera donc égal à 19 degrés et son déphasage sera 38 minutes, d'après ce que nous avons expliqué [précédemment].

---

[9] Maïmonide utilise une méthode approximative appelée « interpolation linéaire ». C'est-à-dire qu'il suppose que la variation de l'angle du zodiaque entre deux dizaines consécutives est proportionnelle à celle du déphasage, ce qui n'est pas forcément vrai. Toutefois, pour de petits intervalles égaux à dix degrés (sur 360), cette approche est suffisante.

*Chapitre treize*

10. Du fait que ce chemin était inférieur à 180, soustrais le déphasage – qui est de 38 minutes – à la position moyenne du soleil, ce qui donne 104 degrés 59 minutes et 25 secondes. Leur symbole : 104-59-25. Il en résulte que la position vraie du soleil au début de cette nuit était dans le signe du Cancer à 15 degrés moins 35 secondes. Ne tiens nullement compte des secondes ni dans la position du soleil, ni dans celle de la lune, ni dans les autres calculs pour la nouvelle lune. Ne t'intéresse qu'aux minutes. Et s'il y a des secondes [dont le nombre] est proche de trente, fais-en une minute que tu ajouteras aux autres.

11. Un fois que tu connaitras la position du soleil à chaque instant que tu voudras, tu [pourras] connaître le vrai jour du début de chaque saison que tu voudras[10]. Aussi bien des saisons à venir après l'origine dont on a commencé [nos calculs], que des saisons des années qui sont déjà passées.

---

[10] Puisque, comme nous l'avons vu dans le neuvième chapitre, la saison dépend de la position du soleil dans le zodiaque.

# Chapitre quatorze

## *Trajectoires de la lune*

1. La lune[1] a deux trajectoires moyennes. La lune elle-même tourne dans un petit cercle qui n'entoure pas le monde entier[2]. Sa trajectoire moyenne dans ce petit cercle se nomme la « moyenne du chemin ». Ce petit cercle tourne lui-même autour d'un grand cercle qui entoure le monde. La trajectoire moyenne de ce petit cercle dans ce grand cercle qui entoure le monde est appelée la « (trajectoire) moyenne de la lune ». La variation de la moyenne de la lune en un jour est de 13 degrés 10 minutes et 35 secondes[3]. Leur symbole : 13-10-35.

2. Sa trajectoire en dix jours est donc de 131 degrés 45 minutes et 5 secondes. Leur symbole : 131-45-5. Le reste de sa trajectoire[4] en 100 jours est donc de 237 degrés 38 minutes et 23 secondes. Leur symbole : 237-38-23. Le reste de sa trajectoire en mille jours est donc de 216 degrés 23 minutes et 50 secondes. Leur symbole : 216-23-50. Le reste de sa trajectoire en dix mille jours est donc de 3 degrés 58 minutes et 20 secondes. Leur symbole : 3-58-20. Le reste de sa trajectoire en 29 jours est donc de 22 degrés 6 minutes et 56 secondes. Leur symbole : 22-6-56. Le reste de sa trajectoire en une année ordonnée est donc de 344 degrés 26 minutes et 43 secondes. Leur symbole : 344-26-43. De cette façon tu multiplieras pour tout nombre de jours ou d'années que tu voudras.

3. La trajectoire de la moyenne du chemin en un jour est de 13 degrés 3 minutes et 54 secondes[5]. Leur symbole : 13-3-54. Sa

---

[1] Avant d'aborder ce chapitre et les suivants, il est bon de lire l'Annexe 4.
[2] Ce cercle, appelé « épicycle » et introduit par Ptolémée, est un moyen d'expliquer l'irrégularité des mouvements des astres, comme nous l'avons expliqué dans la note 3 du chapitre 11.
[3] Cette donnée conduit à une durée de rotation autour de la terre de 27,3216 jours, ce qui correspond à la rotation sidérale de la lune (voir Annexe 4). Dans sa description des mouvements de la lune, Ptolémée utilise trois cercles de même centre et un épicycle alors que Maïmonide se contente d'un grand cercle et d'un épicycle. Cette simplification fait sans doute partie des approximations évoquées dans le paragraphe 5 du chapitre 11.
[4] Après avoir retiré les multiples de 360 degrés (modulo 360).
[5] D'après cette donnée, la lune fait un tour dans l'épicycle en 27,5545 jours, ce qui correspond au temps de sa rotation anomalistique (voir Annexe 4). La

*Chapitre quatorze*

variation en dix jours est donc de 130 degrés 39 minutes sans secondes. Leur symbole : 130-39. Le reste de sa variation en cent jours est donc de 226 degrés 29 minutes et 53 secondes. Leur symbole : 226-29-53. Le reste de sa variation en mille jours est donc de 104 degrés 58 minutes et cinquante secondes. Leur symbole : 104-58-50. Le reste de sa variation en dix mille jours est donc de 329 [degrés] 48 minutes et 20 secondes. Leur symbole : 329-48-20. Le reste de sa variation en 29 jours est donc de 18 degrés 53 minutes et 4 secondes. Leur symbole : 18-53-4.

4. Le reste de sa variation en une année ordonnée est donc de 305 degrés 13 minutes sans secondes. Leur symbole : 305-13. La valeur de la moyenne de la lune était, la veille du jeudi qui est l'origine de ces calculs, un degré 14 minutes et 43 secondes dans le signe du Taureau[6]. Leur symbole : 1-14-43. À cette même origine, la moyenne du chemin était de 84 degrés 28 minutes et 42 secondes[7]. Leur symbole : 84-28-42. Une fois que tu connaitras la variation de la moyenne de la lune ainsi que la moyenne à l'origine à laquelle tu l'ajouteras, tu pourras connaître la valeur de la moyenne de la lune en chaque jour que tu veux, comme nous l'avons fait pour la moyenne du soleil. Quand tu auras déterminé la moyenne de la lune au début de la nuit que tu voudras, réfléchis au soleil et sache dans quel signe il se trouve.

5. Si le soleil se trouve entre le milieu du signe des Poissons et le milieu du signe du Bélier, laisse la moyenne de la lune telle quelle[8]. Si

---

combinaison du grand cercle et de l'épicycle permet donc de tenir compte de la position de la lune dans sa rotation anomalistique.
[6] C'est-à-dire à 31 degrés 14 minutes et 43 secondes de l'origine du zodiaque, qui est le début du signe du Bélier.
[7] Ici, Maïmonide ne peut se référer au zodiaque comme pour la moyenne de la lune car le petit cercle n'entoure pas le monde.
[8] Maïmonide corrige ici l'approximation qu'il a faite dans le chapitre 12 (voir note 10 de ce chapitre). Les ajouts faits ici ajustent la position de la lune sur le coucher du soleil. Entre le milieu du signe des Poissons et le milieu du signe du Bélier, nous sommes aux environs de l'équinoxe du printemps (voir note 10 du chapitre 9), quand le jour et la nuit ont la même durée. De ce fait, la position moyenne coïncide avec l'heure du coucher du soleil. Il en va de même lorsque le soleil se trouve entre le milieu du signe de la Vierge et le milieu du signe de la Balance, ce qui correspond à l'équinoxe d'automne. Pour comprendre les corrections correspondant aux autres positions du soleil, il faut d'abord rappeler que Maïmonide a expliqué (voir note 10 du chapitre

le soleil se trouve entre le milieu du signe du Bélier et le début du signe des Gémeaux, ajoute à la moyenne de la lune 15 minutes. Si le soleil se trouve entre le début du signe des Gémeaux et le début du signe du Lion, ajoute à la moyenne de la lune 15 minutes. Si le soleil se trouve entre le début du signe du Lion et le milieu du signe de la Vierge, ajoute à la moyenne de la lune 15 minutes. Si le soleil se trouve entre le milieu du signe de la Vierge et le milieu du signe de la Balance, laisse la moyenne de la lune telle quelle. Si le soleil se trouve entre le milieu du signe de la Balance et le début du signe du Sagittaire, retranche à la moyenne de la lune 15 minutes. Si le soleil se trouve entre le début du signe du Sagittaire et le début du signe du Verseau, retranche à la moyenne de la lune 30 minutes. Si le soleil se trouve entre le début du signe du Verseau et le milieu du signe des Poissons, retranche à la moyenne de la lune 15 minutes.

6. La [position] moyenne [de la lune] après que tu aies ajouté ou retranché ou que tu aies laissé inchangé est la [position] moyenne de la lune après le coucher du soleil[9], un tiers d'heure environ[10] après le moment qui correspond à sa position moyenne que tu as trouvée. C'est ce qu'on appelle la moyenne de la lune au moment de son apparition.

---

12) que la position moyenne du soleil calculée pouvait être jusqu'à une heure avant ou après le coucher du soleil. Or, la lune parcourt un angle de 30 minutes en une heure dans sa position par rapport au soleil. C'est ce qui explique les angles de 15 et 30 minutes – qui correspondent à une demi-heure ou une heure – donnés dans la suite de ce paragraphe – qu'il faut ajouter ou retrancher à sa position moyenne. Leur but est de compenser le décalage allant jusqu'à une heure mentionné dans le chapitre 12. De façon rigoureuse, il aurait fallu donner les angles correspondant au décalage exact pour chaque signe du zodiaque, mais Maïmonide ici se contente d'une valeur approchée (à 20 minutes près) qui lui fournit une approximation suffisante de l'heure du coucher du soleil en chaque saison.

[9] Qui est le moment où la lune est observable, comme nous le verrons par la suite.

[10] Au plus. Ce sont les vingt minutes qui résultent de l'approximation mentionnée dans la note 8.

## Chapitre quinze

### *Position vraie de la lune*

1. Si tu souhaites connaître la position vraie de la lune en tout jour que tu veux, détermine d'abord la [position] moyenne de la lune au moment où elle apparaît la nuit que tu veux. De même, détermine la moyenne du chemin et la [position] moyenne du soleil à ce moment. Retranche la [position] moyenne du soleil de la [position] moyenne de la lune. Enfin, multiplie par deux le résultat[1]. C'est ce qu'on appelle « distance double ».

2. Nous avons déjà expliqué que tous les calculs que nous avons menés dans ces chapitres n'étaient destinés qu'à connaître [le moment] de l'apparition de la lune. Or cette distance double ne peut se trouver qu'entre cinq et 62 degrés la nuit de cette apparition [2]. Elle ne peut être ni supérieure, ni inférieure à ces valeurs.

3. De ce fait, examine cette distance double. Si cette distance double est de cinq degrés ou proche de cinq degrés, on néglige sa valeur ajoutée et on n'ajoute rien[3]. Si la distance double est supérieure à cinq et inférieure ou égale à onze degrés, ajoute à la moyenne du chemin un degré. Si la distance double est supérieure à onze et inférieure ou égale à 18 degrés, ajoute à la moyenne du chemin deux degrés. Si la distance double est supérieure à 18 et inférieure ou égale à 24 degrés, ajoute à la moyenne du chemin trois degrés. Si la distance double est supérieure à 24 et inférieure ou égale à 31 degrés, ajoute à la moyenne du chemin quatre degrés. Si la distance double est supérieure à 31 et inférieure ou égale à 38 degrés, ajoute à la moyenne

---

[1] Afin de tenir compte de la position de la lune par rapport au soleil avant et après qu'ils se rejoignent, comme on va le préciser dans le prochain paragraphe.
[2] La lune parcourant 13 degrés de son orbite environ par jour, 62 degrés correspondent à un peu plus de quatre jours et 5 degrés à un peu plus de neuf heures. Il en résulte que l'on s'intéresse à la position de la lune quand elle se trouve entre 4,5 heures et deux jours de part et d'autre du soleil. C'est entre ces 4,5 heures au minimum et deux jours au maximum que peut se former le premier croissant de lune.
[3] Toutes les quantités ajoutées dans ce paragraphe viennent tenir compte des perturbations de la trajectoire de la lune induites, entre autres, par le soleil (voir Annexe 4).

du chemin cinq degrés. Si la distance double est supérieure à 38 et inférieure ou égale à 45 degrés, ajoute à la moyenne du chemin six degrés. Si la distance double est supérieure à 45 et inférieure ou égale à 51 degrés, ajoute à la moyenne du chemin sept degrés. Si la distance double est supérieure à 51 et inférieure ou égale à 59 degrés, ajoute à la moyenne du chemin huit degrés. Si la distance double est supérieure à 59 et inférieure ou égale à 62 degrés, ajoute à la moyenne du chemin neuf degrés. La valeur de la moyenne du chemin après que tu aies ajouté ces degrés est appelée « chemin exact ».

4. Puis regarde à combien de degrés est [égal] le chemin exact. S'il est inférieur à 180 degrés, soustrais le déphasage[4] de ce chemin exact à la [position] moyenne de la lune au moment de son apparition. S'il est entre 180 et 360 degrés, ajoute le déphasage de ce chemin exact à la [position] moyenne de la lune au moment de son apparition. La valeur moyenne que tu obtiendras après avoir ajouté ou soustrait est la position vraie de la lune au moment de son apparition.

5. Sache que, si le chemin exact est égal à 180 ou 360 degrés, il n'a pas de déphasage. La position moyenne de la lune au moment de son apparition est sa position vraie.

6. Quelle est la valeur du déphasage du chemin ? Si le chemin exact est égal à dix degrés, son déphasage sera 50 minutes. S'il est égal à 20, son déphasage sera un degré et 38 minutes. S'il est égal à 30, son déphasage sera deux degrés et 24 minutes. S'il est égal à 40, son déphasage sera trois degrés et six minutes. S'il est égal à 50, son déphasage sera trois degrés et 42 minutes. S'il est égal à 60, son déphasage sera quatre degrés et 16 minutes. S'il est égal à 70, son déphasage sera quatre degrés et 41 minutes. S'il est égal à 80, son déphasage sera cinq degrés. S'il est égal à 90, son déphasage sera cinq degrés et 5 minutes. S'il est égal à 100, son déphasage sera 5 degrés et 8 minutes. S'il est égal à 110, son déphasage sera 4 degrés et 59 minutes. S'il est égal à 120, son déphasage sera 4 degrés et 40 minutes. S'il est égal à 130, son déphasage sera 4 degrés et 11 minutes. S'il est

---

[4] Ce déphasage est défini dans le paragraphe suivant. Il correspond, comme pour le soleil, à une correction de la position moyenne. Comme on ajoute ou retranche une certaine quantité à la position moyenne, la position vraie oscille au-dessous et au-dessus de cette moyenne, ce qui justifie sa dénomination et son utilisation dans la définition du calendrier juif (voir aussi Figure A-13).

*Chapitre quinze*

égal à 140, son déphasage sera 3 degrés et 33 minutes. S'il est égal à 150, son déphasage sera deux degrés et 48 minutes. S'il est égal à 160, son déphasage sera un degré et 56 minutes. S'il est égal à 170, son déphasage sera 59 minutes. S'il est égal à 180, il n'a pas de déphasage, comme nous l'avons dit, mais la position moyenne de la lune sera sa position vraie[5].

7. Si le chemin exact est supérieur à 180 degrés, tu le retrancheras de 360 et tu connaîtras ainsi son déphasage, comme nous l'avons fait pour le chemin du soleil. De même, si le chemin comporte des unités avec les dizaines, tu prendras le surplus induit par les unités entre les deux déphasages. Tu feras pour les déphasages du chemin exact comme nous l'avons fait pour les déphasages du soleil.

8. Comment ? Supposons que nous voulions connaître la vraie position de la lune au début de la nuit de la veille du Chabbath, deuxième jour du mois d'Yiar de cette année qui est l'année de l'origine. Le nombre de jours entiers entre le début de la nuit de l'origine et le début de cette nuit – pour laquelle nous voulons connaître la vraie position de la lune – est de 29 jours. Détermine la [position] moyenne du soleil au début de cette nuit-là. Tu trouveras que sa [position] moyenne est égale à 35 degrés 38 minutes et 33 secondes. Leur symbole : 35-38-33. Puis détermine la [position] moyenne de la lune au moment de son apparition à cet instant. Tu obtiendras comme [position] moyenne 53 degrés 36 minutes et 39 secondes. Leur symbole : 53-36-39. Détermine [la valeur de] la moyenne du chemin à cet instant. Tu trouveras 103 degrés 21 minutes et 46 secondes. Leur symbole : 103-21-46. Retranche la [position] moyenne du soleil de la [position] moyenne de la lune, il restera 17 degrés 58 minutes et 6 secondes : c'est la distance. Multiplie-la par deux, tu obtiendras la distance double : 35 degrés 56 minutes et 12 secondes. Leur symbole : 35-56-12. De ce fait, tu ajouteras à la moyenne du chemin cinq degrés, comme nous l'avons fait savoir. Tu trouveras alors que le chemin exact est 108 degrés et 21 minutes. Nous négligeons les secondes pour le chemin, comme nous l'avons expliqué pour le soleil.

---

[5] Dans certaines éditions, les dernières valeurs ne correspondent strictement pas à la réalité. Nous donnons ici les valeurs corrigées que l'on trouve dans des éditions plus récentes.

9. Nous en arrivons à chercher le déphasage du chemin exact qui est [égal à] 108. Son déphasage se trouve être égal à cinq degrés et une minute. Comme le chemin exact était inférieur à 180 [degrés], tu soustrairas le déphasage de cinq degrés et une minute à la moyenne de la lune. Il restera 48 degrés 35 minutes et 39 secondes. Fais des secondes une minute que tu ajouteras aux minutes. Il en résulte donc que la position vraie de la lune à ce moment est dans le signe du Taureau, à 18 degrés et 36 minutes du 19ème degré. Leur symbole : 18-36[6]. De cette façon, tu pourras connaître la vraie position de la lune à tout moment de l'apparition de la lune que tu voudras à partir du début de cette année – qui est l'origine – jusqu'à la fin des temps.

---

[6] La méthode de calcul du déphasage est donnée dans l'Annexe 5.

# Chapitre seize

## *Position de la lune par rapport au soleil*

1. Le cercle dans lequel la lune se déplace en permanence est incliné par rapport au cercle dans lequel se déplace le soleil en permanence[1]. La moitié [de la trajectoire] est inclinée vers le nord et l'[autre] moitié est inclinée vers le sud. Il s'y trouve deux points, l'un symétrique à l'autre, sur lesquels les deux cercles se rejoignent. Pour cela, lorsque la lune se trouve en un des deux points, elle tourne dans l'orbite du soleil, exactement en phase avec le soleil. Si la lune sort d'un de ces deux points, elle tournera alors au nord du soleil ou au sud de celui-ci. Le point à partir duquel la lune commence à tendre vers le Nord est appelé la « tête ». Le point à partir duquel la lune commence à tendre vers le Sud est appelé la « queue[2] ». Cette tête a un

---

[1] Comme nous l'avons déjà vu précédemment, le plan contenant la trajectoire du soleil est appelé « écliptique » (note 8 du premier chapitre) et fait lui-même un angle de 23 degrés et 26 minutes avec l'équateur (note 6 du chapitre 12). Dans la Figure 16-1, nous donnons une vue en coupe des trois plans.

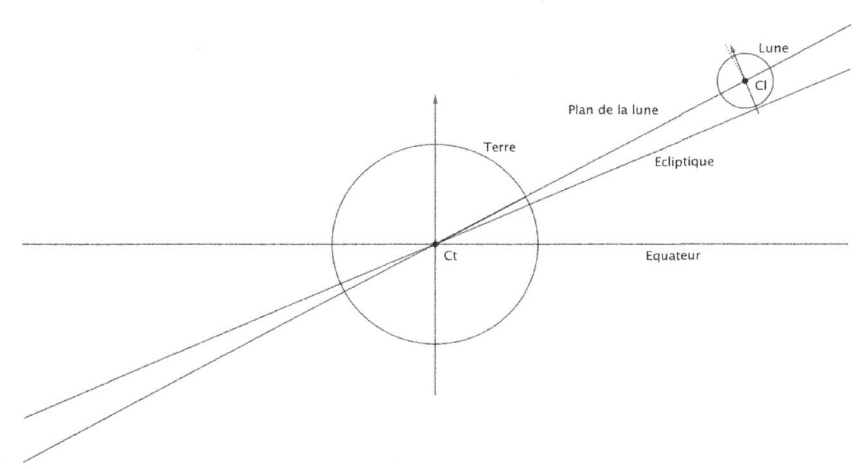

Figure 16-1 : Vue en coupe de l'équateur et des plans contenant les orbites du soleil et de la lune. Ici, la lune est en son apogée. Les proportions des planètes et les angles ont été respectées, mais pas les distances. La flèche traversant la lune représente son axe de rotation et les pointillés, la perpendiculaire au plan de son orbite. Le point $Ct$ est le centre de la terre et donc du repère géocentrique

[2] En fait, ces deux points sont les projections sur la sphère céleste des quatre points qui se trouvent à l'intersection de l'écliptique et du plan de l'orbite de

## La sanctification du mois

mouvement uniforme qui n'accélère ni ralentit et qui va en sens inverse des signes du zodiaque : du Bélier vers les Poissons, des Poissons vers le Verseau et ainsi se déplace-t-elle continuellement.

2. Le déplacement moyen de la tête en un jour est égal à 3 minutes et 11 secondes. Son déplacement en dix jours est égal à 31 minutes et 47 secondes. Son déplacement en cent jours est égal à 5 degrés 17 minutes et 43 secondes. Leur symbole : 5-17-43. Son déplacement en mille jours est égal à 52 degrés 57 minutes et 10 secondes[3]. Leur symbole : 52-57-10. Le reste de son déplacement[4] en dix mille jours est égal à 169 degrés 31 minutes et 40 secondes. Leur symbole : 169-31-40. Son déplacement en vingt-neuf jours est égal à un degré 32 minutes et 9 secondes. Leur symbole : 1-32-9. Son déplacement en une année ordonnée est égal à 18 degrés 44 minutes et 42 secondes. Leur symbole : 18-44-42. La position moyenne de la tête au début de la nuit de jeudi qui est l'origine était 180 degrés 57 minutes et 28 secondes. Leur symbole : 180-57-28.

---

la lune avec leurs deux orbites (l'orbite du soleil étant bien plus grande que celle de la lune), comme nous l'avons représenté dans la Figure 16-2. Dans la sphère céleste, c'est-à-dire dans la sphère imaginaire dans laquelle toutes les planètes se déplacent à nos yeux sur une même surface, ces quatre points sont confondus deux à deux (voir Figure 16-3).

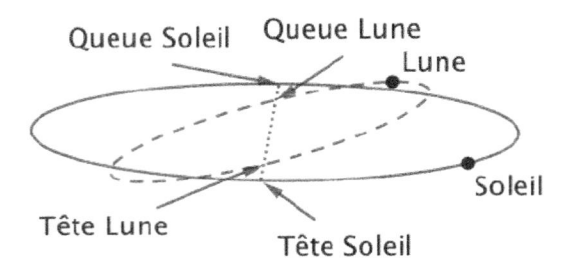

Figure 16-2 : Les orbites du soleil et de la lune avec leurs intersections

[3] La tête fait donc une rotation complète en 6798 jours, soit 18 ans et 7 mois et demi (voir Annexe 4). Cette rotation induit un changement de position de l'orbite de la lune par rapport à celle du soleil. Pour un observateur fixe au centre d'un référentiel géocentrique, l'inclinaison de l'orbite de la lune passe de cinq degrés au-dessus de celle du soleil à cinq degrés au-dessous, puis retourne à sa position initiale au bout de 18 ans et 7 mois, comme nous l'avons représenté dans la Figure 16-3.
[4] Après soustraction des multiples de 360.

*Chapitre seize*

3. Si tu veux connaître la position de la tête en tout temps que tu voudras, détermine sa [position] moyenne à ce moment, comme tu détermines la position moyenne du soleil et de la lune. Soustrais cette [position] moyenne à 360 degrés[5]. Ce qui reste est la position de la tête, la position de la queue étant toujours à son opposé.

4. Comment ? Supposons que nous voulions connaître la position de la tête au début de la nuit de la veille de Chabbath, deuxième jour du mois d'Yiar de cette année qui est l'année de l'origine. Le nombre de jours entiers entre le début de la nuit de l'origine et le début de cette nuit – pour laquelle nous voulons connaître la vraie position de la lune – est 29 jours.

5. Détermine la position de la tête à ce moment-là, comme tu sais le faire, [c'est-à-dire] en ajoutant son déplacement en 29 [jours] à l'origine. Tu obtiendras que la [position] moyenne de la tête est égale à 182 degrés 29 minutes et 37 secondes. Leur symbole : 182-29-37. Soustrais cette [position] moyenne à 360 degrés, il te restera 177 degrés 30 minutes et 23 secondes. Leur symbole : 177-30-23. C'est la position de la tête. Ne tiens pas compte des secondes. Il en résulte que la tête se trouve à 27 degrés et trente minutes du signe de la Vierge et que la queue est à l'opposé, à 27 degrés et trente minutes du signe des poissons.

6. Il y aura toujours entre la tête et la queue exactement un demi-cercle. C'est pourquoi, pour tout signe dans lequel se trouvera la tête, la queue se trouvera à 7 signes de lui avec exactement le même nombre de degrés et de minutes.

---

[5] Cette soustraction vient du fait que le mouvement de la tête est dans le sens inverse des signes du zodiaque.

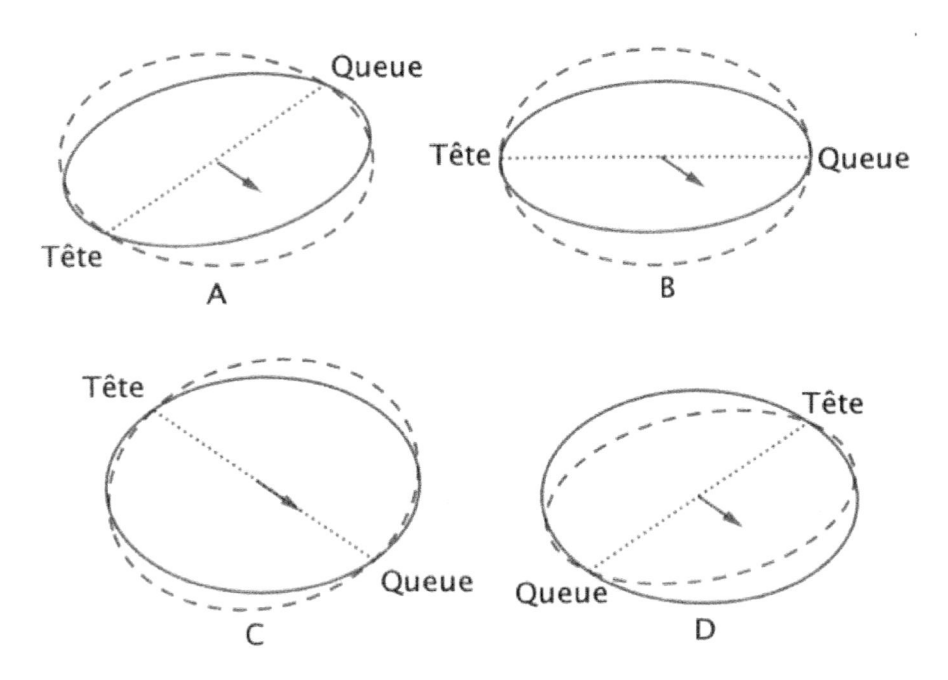

Figure 16-3 : Rotation (en sens inverse de la lune et du soleil) de la tête et la queue dans la sphère céleste. L'orbite de la lune est en trait plein et celle du soleil en tirets. En A, pour l'observateur (qui voit dans la direction de la flèche), la lune est à son apogée par rapport au soleil. En B, la tête (et donc la queue, voir fin du paragraphe 3) a tourné de 45 degrés et l'observateur voit une lune plus basse. En C, la tête a fait un quart de tour et, pour notre observateur, la lune et le soleil sont au même endroit sur la sphère céleste. Cette configuration est propice aux éclipses, mais non suffisante. En D, la tête a fait un demi-tour et l'observateur voit une lune à cinq degrés au-dessous du soleil. Dans les figures A et B, la lune tend vers le nord du soleil (au sens du paragraphe 7) pour notre observateur, alors qu'elle tend vers le sud dans la figure D.

*Chapitre seize*

7. Une fois que tu connais la position de la tête et celle de la queue, ainsi que la vraie position de la lune. Analyse ces trois valeurs. Si tu trouves que la [position] de la lune diffère de [celle de] la tête ou de la queue de moins d'un degré et une minute, sache que la lune ne tend ni vers le nord, ni vers le sud du soleil. Si tu vois par contre que la position de la lune est après celle de la tête et se déplace en direction de la queue, sache que la lune tend vers le nord du soleil[6]. Mais si tu vois que la position de la lune est avant celle de la queue et se déplace en direction de la tête, sache que la lune tend vers le sud du soleil.

8. La direction sud ou nord de la lune par rapport au soleil s'appelle la « largeur » de la lune. Si elle tend vers le nord, elle s'appelle la « largeur nord » et si elle tend vers le sud, elle s'appelle la « largeur sud ». Et si la lune se trouve en un des deux points, elle n'aura pas de largeur, comme nous l'avons expliqué.

9. Que ce soit au nord ou au sud, la largeur ne dépassera jamais cinq degrés. Telle est sa trajectoire : elle commence à la tête et s'en éloigne peu à peu. La largeur va en croissant jusqu'à atteindre cinq degrés. Puis elle revient et s'approche peu à peu jusqu'à ce qu'il n'y ait plus de largeur quand elle arrive à sa queue. Elle s'éloigne de nouveau peu à peu et la largeur va en croissant jusqu'à atteindre cinq degrés. Puis elle se rapproche de nouveau jusqu'à ne plus avoir de largeur.

10. Si tu veux savoir combien vaut la largeur de la lune en tout temps que tu voudras et si elle est au nord ou au sud, détermine [d'abord] la position de la tête et la vraie position de la lune à cet instant. Puis retranche la position de la tête de la vraie position de la lune[7]. Ce qui reste est appelé le chemin de la largeur. Si celui-ci est entre un et 180 degrés, sache que la largeur de la lune est au nord. Si le chemin est supérieur à 180, sache que la largeur de la lune est au sud. S'il est égal à 180 ou 360, la lune n'a aucune largeur. Ensuite, regarde à quoi est égale la déviation[8] du chemin de la largeur, c'est-à-dire la mesure de son inclinaison vers le Nord ou le Sud. C'est ce qui se

---

[6] Voir Figure 16-3 et son commentaire.
[7] Cette soustraction est justifiée par le fait que la largeur est comptée à partir de la tête (ou de la queue) dont la largeur est nulle.
[8] Ici, Maïmonide fait une différence entre la « largeur », qui est le terme qui décrit l'écart entre la trajectoire de la lune et l'écliptique et sa « déviation » qui est la mesure de l'angle de cet écart.

*La sanctification du mois*

nomme la largeur nord ou la largeur sud, comme nous l'avons expliqué.

11. Quelle est la valeur de la déviation du chemin de la largeur ? Si le chemin de la largeur est de dix degrés, sa déviation sera 52 minutes. Si ce chemin est de 20 degrés, sa déviation sera un degré et 43 minutes. Si le chemin est de 30 degrés, sa déviation sera deux degrés et 30 minutes. Si le chemin est de 40 degrés, sa déviation sera trois degrés et 13 minutes. Si le chemin est de 50 degrés, sa déviation sera trois degrés et 50 minutes. Si le chemin est de 60 degrés, sa déviation sera quatre degrés et 20 minutes. Si le chemin est de 70 degrés, sa déviation sera quatre degrés et 42 minutes. Si le chemin est de 80 degrés, sa déviation sera quatre degrés et 55 minutes. Si le chemin est de 90 degrés, sa déviation sera cinq degrés[9].

12. S'il y a des unités avec les dizaines, tu prendras le surplus induit par les unités entre les deux déviations, comme tu l'as fait pour le chemin du soleil et celui de la lune. Comment ? Supposons que le chemin de la largeur soit égal à 53. Tu sais déjà que, si le chemin était de 50 degrés, sa déviation serait trois degrés et 50 minutes et s'il était de 60 degrés, sa déviation serait quatre degrés et 20 minutes. Il en résulte que la différence entre les deux déviations est 30 minutes, soit 3 minutes par degré. Ce qui implique que, pour ce chemin égal à 53 degrés, la déviation est trois degrés et 59 minutes. Tu feras ainsi pour tout nombre.

13. Une fois que tu connais la déviation du chemin de la largeur jusqu'à 90 [degrés], comme nous te l'avons appris, tu pourras connaître la déviation pour toute valeur du chemin. Car si le chemin est entre 90 et 180 [degrés], tu soustrairas sa valeur à 180 et le résultat te donnera la déviation.

14. De même, si le chemin est entre 180 et 270 [degrés], tu soustrairas 180 à [sa valeur] et le résultat te donnera la déviation.

15. Si [enfin] le chemin est entre 270 et 360 [degrés], tu soustrairas [sa valeur] à 360 et le résultat te donnera la déviation[10].

---

[9] L'astronomie contemporaine donne un maximum égal à 5 degrés 10 minutes. Voir l'Annexe 6 pour la discussion de ces valeurs.
[10] Toutes ces règles sont liées à la symétrie de l'orbite de la lune par rapport à la ligne des nœuds (qui joint la tête à la queue).

*Chapitre seize*

16. Comment ? Supposons que le chemin soit égal à 150 [degrés]. Soustrais-le à 180, il te restera 30. Or tu sais déjà que la déviation correspondant à 30 est deux degrés et 30 minutes. De même, la déviation correspondant à 150 sera deux degrés et 30 minutes.

17. Si [maintenant] le chemin est égal à 200 [degrés]. Soustrais-lui 180, il te restera 20. Or tu sais déjà que la déviation correspondant à 20 est un degré et 43 minutes. De même, la déviation correspondant à 200 sera un degré et 43 minutes.

18. Si enfin le chemin est égal à 300 [degrés]. Soustrais-le à 360, il te restera 60. Or tu sais déjà que la déviation correspondant à 60 est quatre degrés et 20 minutes. De même, la déviation correspondant à 300 sera 4 degrés et 20 minutes. Tu feras ainsi pour toutes les valeurs [du chemin].

19. Supposons que nous voulions connaître la valeur de la largeur de la lune et son orientation nord ou sud au début de la nuit de la veille de Chabbath, deuxième jour du mois d'Yiar de cette année. Tu sais déjà que la vraie position de la lune était cette nuit-là à 18 degrés et 36 minutes du signe du Taureau[11]. Son symbole : 18-36. La position de la tête était, à ce moment-là, à 27 degrés et 30 minutes du signe de la Vierge[12]. Son symbole : 27-30. Soustrais la position de la tête à celle de la lune, tu obtiendras un chemin de la largeur égal à 231 degrés et 6 minutes[13]. Son symbole : 231-6. Comme nous ne tenons pas compte

---

[11] Soit à 48° 36' de l'origine des angles, c'est-à-dire du début du signe du Bélier.
[12] Soit à 177° 30' de l'origine.
[13] En effet, nous voulons soustraire 177° 30' à 48° 36'. Or 48° 36' est inférieur à 177° 30'. De ce fait, nous devons ajouter 360° à 48° 36', ce qui donne 408° 36' (voir chapitre 11, paragraphes 11 et 12). Or 408° 36' - 177° 30' = 231° 6'. Ce calcul est représenté dans la Figure 16-4.

des minutes pour tout chemin, en utilisant toutes les méthodes que nous avons données dans ce chapitre, nous trouvons que la déviation correspondant à ce chemin est trois degrés et 53 minutes. Telle est la largeur de la lune cette nuit-là. Elle est dirigée vers le sud puisque le chemin est supérieur à 180[14].

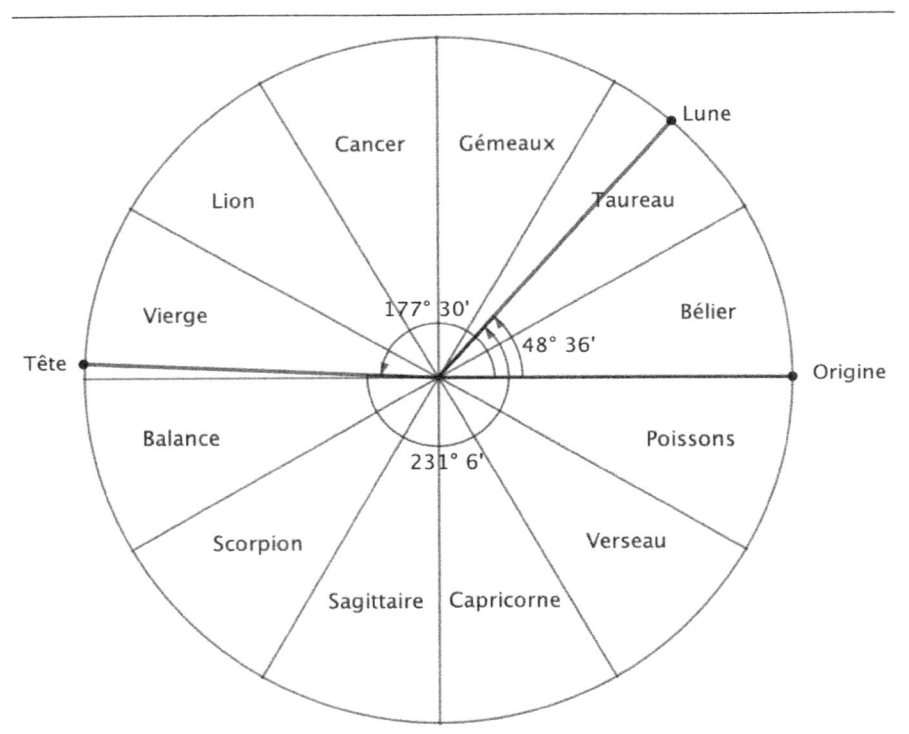

Figure 16-4 : Représentation des différents angles intervenant dans le calcul du chemin de la lune. Les angles sont orientés dans le sens trigonométrique, c'est-à-dire à l'opposé du déplacement des aiguilles d'une montre (ou sens antihoraire), ce qui explique le grand angle entre la tête et la lune.

[14] Dans certaines éditions, cette dernière phrase est placée au début du paragraphe 14. C'est de toute évidence une erreur qui n'apparaît d'ailleurs pas dans l'édition yéménite.

# Chapitre dix-sept

## *Derniers calculs*

1. Nous avons introduit toutes les notions précédentes afin qu'elles soient prêtes dorénavant pour la détermination [du moment] de l'apparition [de la lune]. Lorsque tu voudras le connaître, commence par les calculs qui te fourniront la vraie position du soleil, la vraie position de la lune et la position de la tête au moment de cette apparition. Soustrais la vraie position du soleil à la vraie position de la lune[1] et le reste s'appellera « première longueur ».

2. Puisque tu connais la position de la lune et celle de la tête, tu peux savoir comment est la position de la lune : si sa largeur[2] est [orientée] vers le Nord ou vers le Sud. C'est ce qu'on appelle « première largeur ». Fais attention à cette première longueur et cette première largeur. Il faut que les deux soient à ta disposition.

3. Réfléchis alors à cette première longueur[3] (et à cette première largeur[4]). Si elle est inférieure ou égale à neuf degrés, tu sauras avec

---

[1] Cette soustraction donnera toujours un résultat positif car, le soir de l'apparition de la lune, celle-ci a forcément dépassé le soleil (voir Figures 17-2 et A-28).
[2] Voir chapitre 16, paragraphes 10 et 11.
[3] Selon les commentateurs, le but de ce chapitre est de calculer l'angle (et le temps) entre le soleil et la lune à leur coucher, pour un observateur situé à Jérusalem, sachant que, lors de son apparition, la lune se couchera une à deux heures après le soleil Toutefois, les calculs introduits dans ce chapitre n'ont pas une interprétation astronomique simple et leurs résultats ne semblent pas coïncider avec les calculs contemporains donnant le décalage entre la lune et le soleil lors de leur coucher. C'est pourquoi il semblerait que Maïmonide intègre ici d'autres paramètres dont le sens et l'intérêt restent difficiles à saisir. Pour toutes ces raisons, nous ne donnerons pas de comparaison entre les résultats de Maïmonide et les résultats contemporains. Nous nous contenterons – dans la mesure du possible – de donner l'interprétation astronomique des différentes quantités introduites par Maïmonide. Le temps qui sépare le coucher du soleil de celui de la lune est assez court du fait de l'écart angulaire entre la lune et le soleil (inférieur à 24°). Cette proximité implique aussi que la lune se trouve en général dans le même signe du zodiaque que le soleil (sauf si le soleil est à la fin du signe du zodiaque lors de l'apparition de la lune). C'est pour cette raison que Maïmonide va faire dépendre tous les paramètres liés à la lune de sa position

certitude qu'il est absolument impossible que la lune soit visible cette nuit-là dans toute la terre d'Israël et tu n'as besoin d'aucun autre calcul. Si la première longueur est supérieure à 15 degrés, tu sauras avec certitude que la lune est visible cette nuit-là dans toute la terre d'Israël et tu n'as besoin d'aucun autre calcul. Si par contre la première longueur est entre 9 et 15 degrés, tu devras examiner les calculs de l'apparition de la lune afin de savoir si elle peut apparaître ou non.

4. Dans quel cas ? Lorsque la vraie position de lune est entre le début du signe du Capricorne et la fin de celui des Gémeaux. Mais si celle-ci est entre le début du signe du Cancer et la fin de celui du Sagittaire[5] et que la première longueur est inférieure ou égale à dix degrés, tu sauras que la lune n'a aucune chance d'apparaître cette nuit-là dans toute la terre d'Israël. Et si la première [longueur] est supérieure à 24 degrés, il est certain que la lune sera visible dans toutes les frontières d'Israël. Si enfin la première longueur est entre dix et vingt-quatre degrés, tu devras examiner les calculs de l'apparition de la lune afin de savoir si elle peut apparaître ou non[6].

5. Voici les calculs de l'apparition : réfléchis et vois dans quel signe se trouve la lune. Si elle est dans le signe du Bélier, tu soustrairas à la longueur 59 minutes. Si elle est dans le signe du Taureau, tu soustrairas à la longueur un degré. Si elle est dans le signe des Gémeaux, tu soustrairas à la longueur 58 minutes. Si elle est dans le signe du Cancer, tu soustrairas à la longueur 43 minutes. Si elle est dans le signe du Lion, tu soustrairas à la longueur 43 minutes. Si elle

---

dans le zodiaque. La connaissance du temps qui sépare le coucher du soleil et celui de la lune est importante à double titre. D'une part, plus ce temps sera long et plus la probabilité de voir la lune sera grande. D'autre part, la nuit sera plus noire et un fin croissant aura plus de chance d'être vu.

[4] Il semble que ces mots aient été introduits ici par erreur à cause de la fin du paragraphe précédent. La suite du paragraphe confirme cette supposition, d'autant plus que ces mots sont absents de l'édition yéménite.

[5] Ces deux régions couvrent 180 degrés du zodiaque chacune (voir Figure 9-1). La première région est entre le solstice d'hiver et le solstice d'été et passe par l'équinoxe de printemps. La seconde région est entre le solstice d'été et le solstice d'hiver et passe par l'équinoxe d'automne.

[6] D'après le principal commentateur du Michné Thora (le Pérouch), les données de ces deux paragraphes proviennent d'observations et non d'un calcul. Toutefois, on pourrait en donner une justification physique (voir Annexe 7).

est dans le signe de la Vierge, tu soustrairas à la longueur 37 minutes. Si elle est dans le signe de la Balance, tu soustrairas à la longueur 34 minutes. Si elle est dans le signe du Scorpion, tu soustrairas à la longueur 34 minutes. Si elle est dans le signe du Sagittaire, tu soustrairas à la longueur 36 minutes. Si elle est dans le signe du Capricorne, tu soustrairas à la longueur 44 minutes. Si elle est dans le signe du Verseau, tu soustrairas à la longueur 53 minutes. Si elle est dans le signe des Poissons, tu soustrairas à la longueur 58 minutes. Ce qui reste de la longueur après avoir soustrait ces minutes s'appelle « deuxième longueur ».

6. Pourquoi retranche-t-on ces minutes ? Parce que la vraie position de lune n'est pas celle dans laquelle elle est visible, mais il y a une différence entre elles en longueur et en largeur. C'est ce qui est appelé la « différence d'apparition [7] ». On soustrait toujours la différence d'apparition en longueur à la longueur, comme nous l'avons dit.

7. Mais, [pour] la différence d'apparition en largeur, si la largeur est orientée vers le nord, on retranche la différence d'apparition en largeur de la première largeur. Mais si la largeur est orientée vers le sud, on ajoute la différence d'apparition en largeur de la première largeur[8]. La valeur de la première largeur après lui avoir ajouté ou retranché ces minutes est appelée « deuxième largeur ».

8. Quel est le nombre de minutes que l'on ajoute ou l'on retranche ? Si la lune se trouve dans le signe du Bélier, neuf minutes. S'il est dans le signe du Taureau, 10 minutes. S'il est dans le signe des Gémeaux, 16 minutes. S'il est dans le signe du Cancer, 27 minutes. S'il est dans le signe du Lion, 38 minutes. S'il est dans le signe de la Vierge, 44 minutes. S'il est dans le signe de la Balance, 46 minutes. S'il est dans le signe du Scorpion, 45 minutes. S'il est dans le signe du Sagittaire, 44 minutes. S'il est dans le signe du Capricorne, 36 minutes. S'il est dans le signe du Verseau, 24 minutes. S'il est dans le signe des Poissons, 12 minutes.

---

[7] En fait, il s'agit de la parallaxe, dont le sens est expliqué dans l'Annexe 8. En général, les astronomes actuels ne tiennent compte que de la parallaxe globale, qu'ils prennent égale à 57 minutes.
[8] Toutes ces additions et soustractions selon l'orientation viennent du fait que Maïmonide n'utilise pas les nombres négatifs. Il suffirait de rendre négatives les quantités dirigées vers le Sud pour toujours ajouter.

9. Une fois que tu connais [ce nombre de] minutes, tu le retrancheras ou tu l'ajouteras à la première largeur, comme on te l'a expliqué. Tu obtiendras ainsi la deuxième largeur dont tu sais déjà si elle est orientée vers le nord ou vers le sud. Tu sauras alors le nombre de degrés et de minutes de cette deuxième largeur que tu tiendras à ta disposition pour la suite.

10. Puis tu prendras une fraction de cette deuxième largeur car la lune dévie un peu de son orbite[9]. Quelle est la fraction que tu prendras d'elle ? Si l'emplacement de la lune est entre le début du signe du Bélier et 20 degrés de ce signe ou entre le début du signe de la Balance et 20 degrés de ce signe, tu prendras les deux cinquièmes de la deuxième largeur. Si la lune est entre 20 degrés du signe du Bélier et 10 degrés du signe du Taureau ou entre 20 degrés du signe de la Balance et 10 degrés du signe du Scorpion, tu prendras le tiers de la deuxième largeur. Si la lune est entre dix et 20 degrés du signe du Taureau ou entre dix et 20 degrés du signe du Scorpion, tu prendras le quart de la deuxième largeur. Si la lune est entre 20 degrés et la fin du signe du Taureau ou entre 20 degrés et la fin du signe du Scorpion, tu prendras le cinquième de la deuxième largeur. Si la lune est entre le début du signe des Gémeaux et dix degrés de ce signe ou entre le début du signe du Sagittaire et dix degrés de ce signe, tu prendras le sixième de la deuxième largeur. Si la lune est entre dix et 20 degrés du signe des Gémeaux ou entre dix et 20 degrés du signe du Sagittaire, tu prendras la moitié du sixième de la deuxième largeur. Si la lune est entre 20 et 25 degrés du signe des Gémeaux ou entre 20 et 25 degrés du signe du Sagittaire, tu prendras le quart du sixième de la deuxième largeur. Si la lune est entre 25 degrés du signe des Gémeaux et 5 degrés du signe du Cancer ou entre 25 degrés du signe du Sagittaire et 5 degrés du signe du Capricorne, tu laisseras tel quel car il n'y a pas de déformation de la courbure. Si la lune est entre cinq et dix degrés du signe du Cancer ou entre cinq et dix degrés du signe du Capricorne, tu prendras le quart du sixième de la deuxième largeur. Si la lune est entre 10 et 20 degrés du signe du Cancer ou entre dix et vingt degrés du signe du Capricorne, tu prendras la moitié du sixième de la deuxième largeur. Si la lune est entre 20 degrés et la fin du signe du

---

[9] Il semble que cette correction soit induite par l'écart entre la position de la lune et sa projection sur le plan équatorial, comme cela est expliqué dans l'Annexe 9. Le Pérouch affirme qu'elle a été introduite par Maïmonide.

*Chapitre dix-sept*

Cancer ou entre 20 degrés et la fin du signe du Capricorne, tu prendras le sixième de la deuxième largeur. Si la lune est entre le début du signe du Lion et dix degrés de ce signe ou entre le début du signe du Verseau et dix degrés de ce signe, tu prendras le cinquième de la deuxième largeur. Si la lune est entre 10 et 20 degrés du signe du Lion ou entre 10 et 20 degrés du signe du Verseau, tu prendras le quart de la deuxième largeur. Si la lune est entre 20 degrés du signe du Lion et 10 degrés du signe de la Vierge ou entre 20 degrés du signe du Verseau et 10 degrés du signe des Poissons, tu prendras le tiers de la deuxième largeur. Si la lune est entre 10 degrés et la fin du signe de la Vierge ou entre 10 degrés et la fin du signe des Poissons, tu prendras les deux cinquièmes de la deuxième largeur[10]. La fraction que tu prendras de la deuxième largeur de la lune est appelée « courbure de la lune ».

11. Après cela, tu reviendras à la largeur de la lune pour savoir si elle est vers le nord ou vers le sud. Si elle est orientée vers le nord,

---

[10] Vu la difficulté de la définition de ces coefficients, nous en donnons une représentation graphique dans la Figure 17-1.

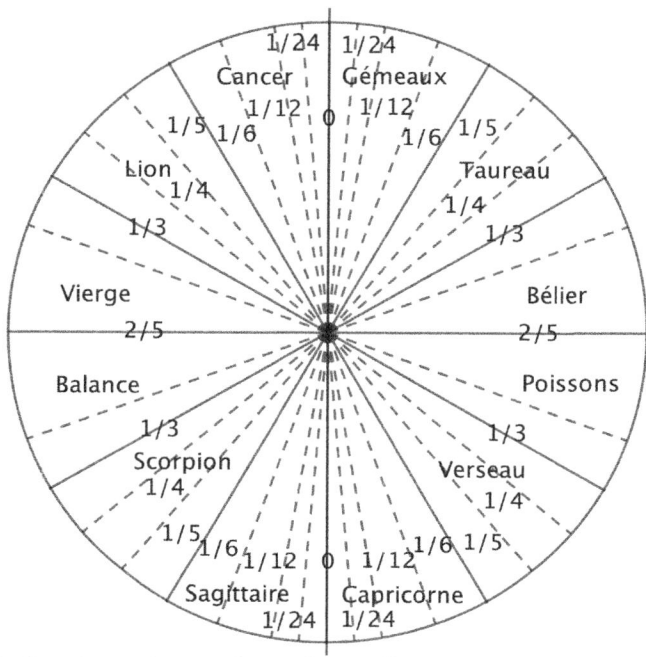

Figure 17-1 : Représentation graphique des coefficients du paragraphe 10. Les signes du zodiaque sont délimités par des traits pleins

tu soustrairas cette courbure de la lune à la deuxième longueur. Mais si la largeur de la lune est orientée vers le sud, tu ajouteras cette courbure à la deuxième longueur. Dans quel cas ? Lorsque la position de la lune est entre le début du signe du Capricorne et la fin du signe des Gémeaux. Mais si la lune est entre le début du signe du Cancer et la fin du signe du Sagittaire, ce sera le contraire. Si la largeur de la lune est orientée vers le nord, tu ajouteras cette courbure à la deuxième longueur et si la largeur de la lune est orientée vers le sud, tu soustrairas cette courbure à la deuxième longueur. La valeur de la deuxième longueur obtenue après addition ou soustraction est appelée « troisième longueur ». Sache que, s'il n'y a pas d'aplatissement de la courbure et que le calcul n'a impliqué aucune modification de la deuxième largeur, la deuxième longueur elle-même ne sera ni plus ni moins que la troisième longueur.

12. Puis tu reviendras vers cette troisième longueur qui représente les degrés qu'il y a entre la lune et le soleil[11] et tu verras dans quel signe se trouve [la lune]. Si elle est dans le signe des Poissons ou dans celui du Bélier, tu ajouteras à la troisième longueur son sixième[12]. Si la longueur est dans le signe du Verseau ou dans celui du Taureau, tu ajouteras à la troisième longueur son cinquième. Si la longueur est dans le signe du Capricorne ou dans celui des Gémeaux, tu ajouteras à la troisième longueur son sixième. Si la longueur est dans le signe du Sagittaire ou dans celui des Cancer, tu laisseras la longueur telle quelle ; tu ne lui ajouteras ni ne lui soustrairas [quoi que ce soit]. Si la longueur est dans le signe du Scorpion ou dans celui du Lion, tu retrancheras à la troisième longueur son cinquième. Si la longueur est dans le signe de la Balance ou dans celui de la Vierge, tu retrancheras à la troisième longueur son tiers. La valeur de la troisième longueur obtenue après addition ou soustraction ou après l'avoir laissée telle quelle est appelée « quatrième longueur ». Puis tu reviendras vers la première largeur de la lune et tu en prendras

---

[11] Cet angle est celui que fait la lune avec le soleil à son coucher pour un observateur situé dans la région de Jérusalem.
[12] Les coefficients donnés dans ce paragraphe viennent tenir compte du décalage des coordonnées longitudinales des projections de Jérusalem sur l'équateur et sur l'écliptique. Leur calcul complexe et fastidieux ne sera pas détaillé. Cette (avant-) dernière modification vient en fait tenir compte de la vitesse de la lune à son coucher et donc du temps qui sépare le coucher du soleil de celui de la lune.

toujours les deux tiers[13]. C'est ce qu'on appelle la déviation de la hauteur de la province. Réfléchis et vois : si la largeur de la lune est vers le nord, tu ajouteras la déviation de la hauteur de la province à la quatrième longueur et si la largeur de la lune est vers le sud, tu soustrairas la déviation de la hauteur de la province à la quatrième longueur. La valeur de la quatrième longueur obtenue après soustraction ou addition est appelée « arc de l'apparition » [de la lune].

13. Comment ? Supposons que nous voulions chercher si la lune apparaîtra la nuit de la veille du Chabbath, deuxième jour du mois d'Yiar de cette année ou elle n'apparaîtra pas. Détermine la vraie position du soleil et la vraie position de la lune en cette année, comme nous te l'avons appris. Tu obtiendras la vraie position du soleil égale à 7 degrés et 9 minutes du signe du Taureau. Son symbole : 7-9. Tu obtiendras la vraie position de la lune égale à 18 degrés et 36 minutes du signe du Taureau. Son symbole : 18-36. Tu obtiendras la largeur de lune égale à 3 degrés et 53 minutes vers le sud. Son symbole : 3-53. C'est la première largeur. En soustrayant la position du soleil de la position de la lune, il te restera 11 degrés et 27 minutes. Son symbole : 11-27. C'est la première longueur. Du fait que la lune était dans le signe du Taureau, le changement de l'aspect de la longueur sera d'un degré qu'il convient de soustraire à la première longueur. Tu obtiendras une deuxième longueur égale à 10 degrés et 27 minutes. Son symbole : 10-27. De même, le changement de l'aspect de la largeur sera de 10 minutes et comme la largeur était vers le sud, il convient de lui ajouter le changement de l'aspect qui est de 10 minutes. Tu obtiendras une deuxième largeur égale à 4 degrés et 3 minutes. Son symbole : 4-3. Comme la lune était à 18 degrés du signe du Taureau, il convient de déterminer le quart de la deuxième largeur, qui est appelée la courbure de la lune. Tu obtiendras la courbure de la lune égale à ce moment-là égale à un degré et une minute car on ne tient pas compte des secondes.

14. Comme la largeur de la lune est vers le sud et que la lune se trouve entre le début du signe du Capricorne et le début du signe du Cancer, il convient d'ajouter la courbure à la deuxième longueur. Tu

---

[13] Cette dernière correction vient tenir compte de la latitude d'environ 32° de Jérusalem qui est donc à environ 58° du pôle Nord, soit au deux-tiers de l'arc (de 90°) qui joint le pôle Nord à l'équateur.

obtiendras la troisième longueur égale à 11 degrés et 28 minutes. Son symbole : 11-28. Comme cette longueur est dans le signe du Taureau, il convient d'ajouter à la troisième longueur son cinquième qui est deux degrés et 18 minutes. Tu obtiendras la quatrième longueur égale à 13 degrés et 46 minutes. Son symbole : 13-46. Revenons à la première largeur et prenons ses deux tiers : nous obtenons la valeur de la hauteur de la province qui est deux degrés et 35 minutes. Comme la largeur était vers le sud, il convient de soustraire la déviation de la hauteur de la province [à la quatrième longueur]. Il restera 11 degrés et 11 minutes. Son symbole : 11-11. Tel est l'arc de l'apparition cette nuit-là. Tu opèreras de cette façon et tu pourras savoir à combien de degrés et combien de minutes est égal l'arc de l'apparition en toute nuit d'apparition [de la lune] que tu voudras.

15. Une fois que tu as obtenu cet arc de l'apparition, analyse-le. Sache que si l'arc de l'apparition est inférieur ou égal à neuf degrés, il est impossible que [la lune] soit visible pour toute la terre d'Israël. Si l'arc de l'apparition est supérieur à 14 degrés, il est impossible que [la lune] ne soit pas visible et ne soit pas révélée pour toute la terre d'Israël.

16. Si l'arc de l'apparition est supérieur à neuf degrés et inférieur ou égal à 14 degrés, tu compareras l'arc de l'apparition à la première longueur et tu sauras si la lune apparaît ou non à partir des bords qui lui correspondent et qu'on appelle « bords de l'apparition ».

17. Voici les [valeurs des] bords de l'apparition : si l'arc de l'apparition est entre 9 degrés et à 10 degrés ou [s'il est] supérieur 10 degrés[14] et si la première longueur est supérieure ou égale à 13 degrés, il est certain que [la lune] apparaîtra[15]. Mais si l'arc est

---

[14] A priori, il suffirait de dire : « si l'arc est supérieur à 9 degrés ». En fait, Maïmonide coupe en deux cet intervalle car, pour une valeur comprise entre 9 et 10 degrés, il est nécessaire que la première longueur soit supérieure à 13 degrés, alors qu'au dessus de 10 degrés, cette condition est suffisante et non nécessaire. En effet, nous voyons dans les paragraphes suivants que la première longueur peut être inférieure à 13 degrés lorsque l'arc est entre 10 et 11 degrés, inférieure à 12 degrés lorsque l'arc est entre 11 et 12 degrés etc... Il en va de même pour les valeurs de l'arc dans les paragraphes suivants.
[15] Dans toutes ces comparaisons, il y a une corrélation inverse entre l'angle que fait la lune avec le soleil et l'arc d'apparition (qui est lié au temps qui sépare les couchers des deux astres). La largeur de l'angle (et donc de la

inférieur à cela ou si la longueur est inférieure à cette valeur, elle n'apparaîtra pas.

18. Si l'arc de l'apparition est entre 10 degrés et 11 degrés, ou [s'il est] supérieur 11 degrés et la première longueur est supérieure ou égale à 12 degrés, il est certain que [la lune] apparaîtra. Mais si l'arc est inférieur à cela ou si la longueur est inférieure à cette valeur, elle n'apparaîtra pas.

19. Si l'arc de l'apparition est entre 11 degrés et 12 degrés, ou [s'il est] supérieur 12 degrés et la première longueur est supérieure ou égale à 11 degrés, il est certain que [la lune] apparaîtra. Mais si l'arc est inférieur à cela ou si la longueur est inférieure à cette valeur, elle n'apparaîtra pas.

20. Si l'arc de l'apparition est entre 12 degrés et 13 degrés, ou [s'il est] supérieur 13 degrés et la première longueur est supérieure ou égale à 10 degrés, il est certain que [la lune] apparaîtra. Mais si l'arc est inférieur à cela ou si la longueur est inférieure à cette valeur, elle n'apparaîtra pas.

21. Si l'arc de l'apparition est entre à 13 degrés et 14 degrés, ou [s'il est] supérieur 14 degrés et si la première longueur est supérieure ou égale à 9 degrés, il est certain que [la lune] apparaîtra. Mais si l'arc est inférieur à cela ou si la longueur est inférieure à cette valeur, elle n'apparaîtra pas.

22. Comment ? Nous voulons analyser l'arc de l'apparition de la nuit de la veille du Chabbath, deuxième jour du mois d'Yiar de cette année. Comme tu le sais, le calcul a montré que l'arc de l'apparition était égal à 11 degrés et 11 minutes. Comme l'arc de l'apparition est entre dix et quatorze degrés, nous le comparons à la première longueur. Or tu sais déjà que cette longueur est égale à 11 degrés et 27 minutes cette nuit-là. Puisque l'arc de l'apparition est supérieur à 11

---

proportion visible de la lune, voir Annexe 7) compense le temps entre les deux couchers. Le premier devra être d'autant plus grand que le second sera petit. Il faut se rendre compte que cette dualité n'est pas évidente car l'arc d'apparition dépend lui-même de cet angle.

*La sanctification du mois*

degrés et que la première longueur est supérieure à 11 degrés[16], les valeurs des bords [que nous avons] définies font que l'on sait avec certitude que la lune apparaîtra[17]. Tu compareras ainsi chaque arc avec la première longueur qui lui correspond.

23. Tu as déjà vu de ce que nous avons fait. Combien de calculs ont été nécessaires, combien d'additions et de soustractions. Nous nous sommes beaucoup fatigués avant de trouver des méthodes approchées qui ne requièrent pas des calculs trop compliqués. Car la lune comporte de grandes perturbations dans ses déplacements. C'est pourquoi les Sages ont affirmé : « On connaît la venue du soleil, mais on ne connaît pas celle de la lune[18] ». Et les Sages ont ajouté : « Quelquefois, elle apparaît longue et quelquefois elle apparaît courte ». Comme tu l'as vu dans ces calculs : tu dois quelquefois ajouter et quelquefois soustraire afin d'obtenir l'arc de l'apparition. Et

---

[16] Il est logique de mettre ici « 11 degrés », comme dans les éditions yéménite et de Constantinople. Toutefois, certaines éditions mettent ici « dix degré », ce qui ne correspond pas aux règles données dans les paragraphes précédents.
[17] Dans la Figure 17-2, nous donnons la configuration du ciel ce soir-là (avec une petite erreur sur la position de la lune).

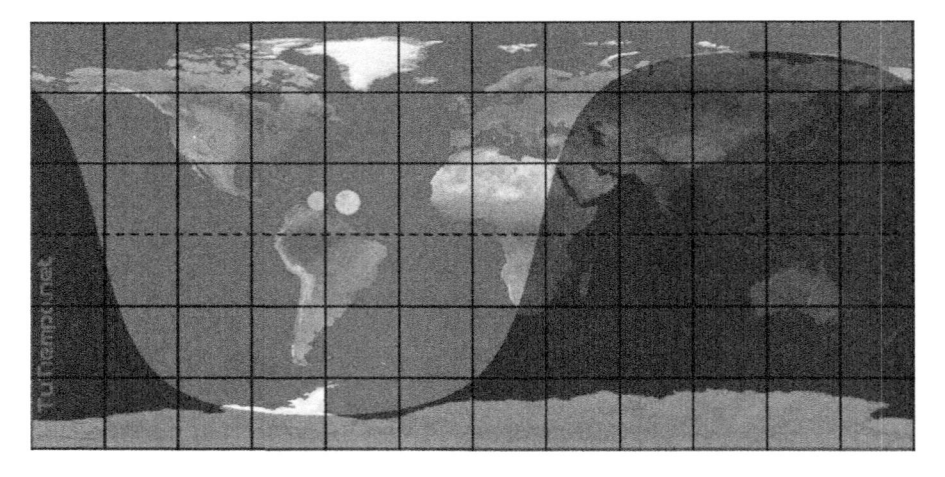

Figure 17-2 : Configuration du ciel cette nuit-là (le 27 avril 1178) obtenue sur le site TuTiempo.net, qui a été capable de calculer la position du soleil et de la lune il y a près de 850 ans avec une précision presque parfaite ! La seule imprécision est la situation de la lune par rapport au soleil qui devrait être plus basse d'environ 3° à 4°. Cela reste une performance quand on connaît les irrégularités de la trajectoire de la lune.

[18] Traité Roch Hachana 25a sur le verset 104-19 des Psaumes.

cet arc est quelquefois grand et quelquefois petit, comme nous l'avons expliqué.

24. La raison pour laquelle, dans tous ces calculs, on doit ajouter ou soustraire tel nombre, la provenance de toutes ces opérations et la preuve de chaque étape font partie des sciences astronomique et géométrique sur lesquelles les savants grecs ont rédigé de nombreux ouvrages qui se trouvent maintenant entre les mains des érudits. Mais les livres qu'ont rédigés les Sages d'Israël de la tribu d'Issachar[19] à l'époque des Prophètes ne sont pas parvenus jusqu'à nous. Cependant, comme toutes ces méthodes ont des preuves claires et irréfutables, que nul homme ne peut contester, il n'y a pas lieu d'avoir des doutes sur leurs auteurs, qu'elles soient l'œuvre des Prophètes ou des autres peuples. Car si l'authenticité d'une chose est prouvée et connue à partir de preuves qu'on ne peut remettre en cause, nous pouvons avoir confiance en celui qui l'a dite ou qui l'a enseignée, en la preuve qui en a été faite et en la raison que l'on connaît.

---

[19] Qui était une tribu d'érudits et d'experts dans le calendrier juif, que la tribu de Zabulon nourrissait afin qu'ils puissent étudier sans soucis matériels.

# Chapitre dix-huit

## *Ajustement des mois*

1. Il est notoire et évident que, si le calcul indique que la lune doit apparaître cette nuit, il est possible qu'elle apparaisse comme il est possible qu'elle n'apparaisse pas. Cela, à cause des nuages qui la cachent ou parce que l'endroit où l'on se trouve est un ravin ou parce qu'une montagne à l'ouest de ceux qui l'observent fait que ceux qui se trouvent en ce lieu sont comme dans un ravin. Car la lune ne sera pas visible pour celui qui est bas, même si elle est grande, et sera visible pour celui qui se trouve sur une montagne haute et abrupte, même si elle est très petite. Elle apparaîtra aussi à celui qui est au bord de la mer ou voyage en bateau en pleine mer, même si elle est très petite.

2. De même, elle se verra mieux une claire journée d'hiver qu'un jour d'été. Car en hiver, lorsqu'il n'y a pas de brume, l'air est très pur et la lune apparaîtra plus brillante parce qu'il n'y a pas de poussière qui se mélange à l'air. Par contre, en été, l'air semble brumeux à cause de la poussière et l'on apercevra une petite lune[1].

3. Chaque fois que tu trouveras que l'arc de l'apparition et la première longueur – par lesquels tu déduiras deux bords – ont des valeurs proches de leurs limites [inférieures], la lune sera très petite[2] et ne sera visible qu'à partir d'un lieu très élevé. Par contre, si l'arc de l'apparition et la première longueur sont très grands et induisent des bords dont les valeurs sont loin des valeurs limites, la lune apparaîtra grande. La longueur de l'arc et la première longueur conditionneront la taille [de la lune] et son apparition aux yeux de tous.

4. Pour cette raison, il faut que le Tribunal Rabbinique ait à l'esprit ces deux paramètres : l'heure[3] et le lieu de l'apparition de la

---

[1] Une autre version est : « on ne verra pas une petite lune ». Cette version semble plus logique car la taille de la lune ou de son croissant ne dépend pas de la qualité de l'air ni de la saison.
[2] Il semble que la petitesse et la grandeur de la lune dont parle Maïmonide dans ce paragraphe font en fait référence à la taille (plus exactement l'épaisseur) de son croissant. Cette supposition est confortée par le fait que Maïmonide n'utilise jamais un terme spécifique pour désigner le croissant de lune.
[3] Car l'arc d'apparition grandit avec le temps et dépend donc de l'heure.

lune. On demandera [donc] aux témoins à quel endroit ils se trouvaient lorsqu'ils l'ont vue. En effet, supposons que l'arc d'apparition soit petit et que le calcul montre qu'on la voit à peine. Par exemple, si l'arc de l'apparition est égal à 9 degrés 5 minutes et la première longueur exactement égale à 13 degrés et que viennent des témoins qui l'ont aperçue, si on est en été ou si l'endroit où ils se trouvaient était bas, il faut se méfier et on doit multiplier les questions qu'on leur pose. Si par contre on est en hiver et qu'ils se trouvaient très en hauteur, il est certain qu'elle apparaîtra si les nuages ne la cachent pas.

5. Si des témoins qui ont vu la lune apparaître en son temps sont venus témoigner et le Tribunal Rabbinique a validé leur témoignage et a donc sanctifié ce mois-là. Puis il a compté 29 jours à partir du jour sanctifié mais, la veille du trentième jour, la lune n'était pas visible parce qu'elle ne pouvait pas [encore] apparaître[4] ou parce que des nuages l'ont cachée. Comme nous l'avons dit, le Tribunal Rabbinique a attendu pendant tout le trentième jour [que des témoins se présentent], mais aucun témoin n'est venu et ils ont décrété un mois de trente jours. Il en résulte que le début du mois suivant tombe le 31ème jour [du mois précédent], comme nous l'avons expliqué.

6. Puis il s'est mis à compter 29 jours à partir du début de ce mois et la lune n'est pas apparue la veille du trentième jour. Si nous disons que le Tribunal Rabbinique va encore décréter un mois de trente jours et va encore fixer le début du mois le 31ème jour, il est alors possible que la lune ne soit pas non plus visible le trentième jour de ce mois. Cela signifierait que l'on pourrait avoir des mois de trente jours qui se succèderaient pendant toute l'année. Ce qui impliquerait que la lune pourrait apparaître la veille du 25 ou du 26 du dernier mois. Il n'y a rien de plus ridicule ni de dommageable que cela.

7. Ne dis pas qu'une telle situation, dans laquelle la lune n'apparaît pas toute l'année, n'est pas courante. Elle est au contraire

---

[4] Si elle a rejoint le soleil après midi. Voir chapitre 7, paragraphe 2 et note 2. En fait, comme nous l'avons vu dans les précédents chapitres, la lune s'éloigne du soleil d'environ 12 degrés par jours. Or si elle rejoint le soleil après midi, il se sera écoulé au plus sept heures jusqu'au coucher du soleil et l'angle qu'elle ferait avec le soleil ne dépasserait pas 4 degrés, ce qui est insuffisant pour qu'elle soit visible (voir chapitre 17, paragraphes 3 et 4 et Annexe 7). De plus, le temps de son apparition sera très court.

*La sanctification du mois*

très possible. Ce cas et des cas similaires peuvent se produire fréquemment dans les régions où l'hiver est long et les nuages sont abondants. Car nous ne voulons pas dire que la lune ne se verra pas toute l'année, mais qu'elle ne sera pas visible au début des mois et qu'on la verra par la suite. Quelquefois, elle n'apparaîtra pas car elle ne le peut pas [encore] et, les mois où elle pourrait être visible, elle ne le sera pas à cause des nuages ou parce qu'elle est trop petite et que personne ne lui prête attention.

8. En fait, telle est la tradition qu'avaient [transmise] les Sages, de maître à disciple, [reçue] de la bouche de Moïse notre Maître : lorsque la lune n'était pas visible au début du mois, mois après mois, le Tribunal Rabbinique devait fixer un mois de trente jours et un mois simple de 29 jours. Il calculait et fixait ainsi un mois de trente jours suivi d'un mois de 29 jours par décret et non par sanctification [du mois] car on ne sanctifie le mois que sur témoignage. Il pouvait fixer quelquefois un mois plein après l'autre ou un mois incomplet après l'autre, selon le résultat de ses calculs.

9. Il faisait toujours en sorte que la lune apparaisse en son temps[5] ou la veille du trente-et-unième jour et non pas qu'elle soit visible avant son temps, c'est-à-dire la veille du vingt-huitième jour[6]. Par les calculs de l'apparition de la lune que l'on décrit, tu trouveras et tu pourras savoir quand la lune peut ou ne peut pas apparaître. C'est sur ces calculs qu'on se fondait pour fixer deux mois pleins ou deux mois incomplets consécutifs. On ne fixe jamais moins de quatre mois ni plus de huit mois pleins dans une année. Pour ces mois pleins décrétés par calcul, on prenait un repas [en l'honneur] du mois plein, comme nous l'avons dit dans le troisième chapitre[7].

10. Tout ce qu'on trouve dans le Talmud montrant que le Tribunal Rabbinique se fondait sur le calcul. Ou que la tradition rapporte que l'on a entendu de Moïse – [qui l'avait lui-même appris] sur le Mont Sinaï[8] – qu'on a donné le pouvoir au Tribunal Rabbinique de décider qu'un mois soit incomplet ou plein. Ou qu'une année a

---

[5] C'est-à-dire la veille du trentième jour.
[6] A priori, la veille du vingt-neuvième jour ne convient pas non plus. Certains commentateurs pensent qu'il s'agit là d'une erreur d'impression et qu'il faut remplacer « vingt-huitième » par « vingt-neuvième ».
[7] Paragraphe 7.
[8] Voir la note 2 du chapitre 5.

comporté neuf mois pleins[9]. Tout cela relève de ce principe, lorsque la lune n'apparaît pas en son temps [plusieurs mois de suite].

11. De même, lorsque les Sages affirment qu'on peut ajouter un jour au mois par nécessité, il s'agit de ces mois qu'on fixe à trente jours selon le calcul et qu'on rend alternativement pleins ou incomplets. C'est dans ce cas qu'on ajoute un jour par nécessité car la lune n'est pas apparue en son temps. Mais lorsque la lune est visible en son temps, qui correspond au moment où on commence à la voir après qu'elle ait rejoint le soleil, on sanctifie toujours le mois[10].

12. Toutes ces règles ont force de loi lorsqu'il existe un Tribunal Rabbinique et qu'on se fonde sur des témoignages. Mais, de nos jours, on ne s'en remet qu'aux résultats donnés par le calcul approximatif agréé par tout le peuple juif et qui a été expliqué dans ces lois[11].

13. Il est expliqué dans les livres d'astronomie et de géométrie que, si lune apparaît en Terre d'Israël, elle sera visible dans toutes les régions situées à l'ouest sur les mêmes parallèles[12] que celle-ci. Et si le calcul montre que la lune n'est pas visible en Terre d'Israël, il est possible qu'elle le soit dans d'autres régions à l'ouest situées sur les mêmes parallèles. De ce fait, lorsque la lune apparaît dans une région à l'ouest de la Terre d'Israël, cela ne prouve pas qu'elle ne sera pas visible en Terre d'Israël, mais il est possible qu'on la voie [quand même] en Terre d'Israël.

14. Si par contre la lune n'est pas visible au sommet des montagnes d'une région située à l'ouest sur les mêmes parallèles que la Terre d'Israël, il est certain qu'on ne la verra pas en Terre d'Israël.

15. De même, il est évident que, si la lune n'apparaît pas en Terre d'Israël, elle ne sera pas visible dans toutes les régions situées à l'est de Terre d'Israël situées sur les mêmes parallèles que celle-ci. Mais si elle apparaît en Terre d'Israël, il est possible qu'on la voie dans les régions de l'est comme il est possible que non. C'est pourquoi, si la

---

[9] Cette histoire, rapportée dans le Talmud (Traité Arakhine 9b), s'est passée une année embolismique. De ce fait, il restait encore quatre mois incomplets et la règle énoncée au paragraphe 9 n'est donc pas contredite.
[10] C'est-à-dire qu'on fixe le début du mois par témoignage.
[11] Chapitres 5 à 8.
[12] Cette notion sera explicitée dans le paragraphe 16.

lune est visible dans une région située à l'est de la Terre d'Israël sur les mêmes parallèles, il est certain qu'elle le sera aussi en Terre d'Israël. Mais si elle n'est pas visible dans une région située à l'est, cela n'implique pas qu'elle ne le sera pas en Terre d'Israël.

16. Toutes ces affirmations ne sont justifiées que si les régions à l'est ou à l'ouest sont sur les mêmes parallèles, c'est-à-dire qu'elles sont entre le trentième et le 35$^{ème}$ parallèle nord[13]. Mais si elles sont plus au nord ou plus au sud, elles obéissent à d'autres lois puisqu'elles ne sont pas sur les mêmes parallèles que la Terre d'Israël. D'autre part, toutes les règles que nous avons énoncées pour les villes situées à l'est ou à l'ouest n'ont été données que pour avoir une connaissance exhaustive du phénomène d'apparition de la lune, afin de « grandir la Thora et la rendre puissante[14] ». Cela ne signifie pas que les habitants de l'Est ou de l'Ouest peuvent se fonder sur leur vision de la lune [pour établir le début du mois] ou qu'elle leur soit d'une quelconque utilité. On ne se fonde que sur la sanctification du Tribunal Rabbinique, comme nous l'avons expliqué à mainte reprise.

---

[13] Pour une dénivellation de cinq degrés en latitude (qui correspondent à la longueur de la Terre d'Israël), la différence de longitude en hiver ou en été sur la ligne de séparation entre le jour et la nuit est négligeable et tous les points ayant la même longitude que Jérusalem sont plongés dans l'obscurité pratiquement en même temps (voir Figure A-29) et voient donc la lune au même moment. Rappelons que latitude de Jérusalem est 31° 46' Nord.
[14] Expression empruntée à Isaïe 42:21.

## Chapitre dix-neuf

### *Direction de la lune à l'horizon*

1. Comme les Sages ont dit que, parmi les questions que l'on posait aux témoins, on leur demandait dans quelle direction la lune se déplaçait, il me semble adéquat d'exposer comment on détermine cela. Je ne serai pas très précis car ce calcul n'a aucune influence sur l'apparition de la lune. Ce calcul commence par la connaissance de l'inclinaison des signes du zodiaque.

2. Le cercle qui passe au milieu[1] des signes du zodiaque dans lequel le soleil se déplace, ne passe pas par le milieu du monde[2], de la moitié Est à la moitié Ouest[3], mais il est incliné par rapport à l'équateur[4] dans les directions Nord-Sud.

3. Il existe deux points sur lesquels ce cercle rencontre l'équateur. Le premier se trouve au début du signe du Bélier[5]. Le second se trouve à l'opposé, au début du signe de la Balance. Il en

---

[1] Les signes du zodiaque forment une bande qui s'étend environ à 8° de latitude de part et d'autre du plan de l'écliptique (voir Figure 19-1).
[2] C'est-à-dire dans le plan de l'équateur. Le monde désigne ici la « sphère céleste », qui est une sphère fictive dans laquelle tout ce qui est dans l'espace (le soleil, la lune, les planètes...) se trouve sur sa surface. C'est une représentation classiquement utilisée à l'époque et quelquefois aussi de nos jours.
[3] De la demi-sphère céleste.
[4] L'équateur est désigné dans le texte par la périphrase « la ligne médiane qui entoure le milieu du monde ». Pour faciliter la lecture du texte, nous avons préféré remplacer cette périphrase par « l'équateur ».
[5] Comme nous l'avons vu dans la note 6 du chapitre 9, Maïmonide ne tient pas compte de la précession des équinoxes (voir chapitre 12, note 7), mais garde une configuration figée du zodiaque. De ce fait, il place chaque « point vernal », c'est-à-dire chaque point d'intersection de l'équateur et de l'écliptique, aux débuts des signes du Bélier et de la Balance. Ces deux points, qui correspondent donc aux équinoxes du printemps et de l'automne, forment un angle de 90° avec l'apogée du soleil définie dans le deuxième paragraphe du chapitre 12 et tournent donc sur le zodiaque d'un degré en 70 ans. Maintenir les signes du Bélier et de la Balance en ces deux points revient à faire tourner le zodiaque sur lui-même au lieu de faire tourner ces points autour du zodiaque, ce qui occulte le phénomène de précession des équinoxes.

*La sanctification du mois*

résulte que six signes du zodiaque sont en direction du Nord, du début du signe du Bélier à la fin de celui de la Vierge, et six en direction du Sud du début du signe de la Balance à la fin de celui des Poissons.

4. Les signes du zodiaque s'éloignent peu à peu de l'équateur vers le Nord à partir du signe du Bélier jusqu'au début du signe du Cancer. Le début de ce signe fait [alors] un angle de vingt-trois degrés et demi environ avec l'équateur vers le Nord. Puis les signes du zodiaque se rapprochent de nouveau peu à peu de l'équateur jusqu'au début du signe de la Balance qui est sur l'équateur. Puis ils s'éloignent peu à peu de l'équateur vers le Sud à partir du début du signe de la Balance jusqu'au début du signe du Capricorne. Le début de ce signe fait [alors] un angle de vingt-trois degrés et demi[6] avec l'équateur vers le Sud. Enfin, les signes du zodiaque se rapprochent de nouveau peu à peu de l'équateur jusqu'au début du signe du Bélier[7].

---

[6] « Environ » est ici implicite.
[7] Une représentation de la sphère céleste est donnée dans la Figure 19-1.

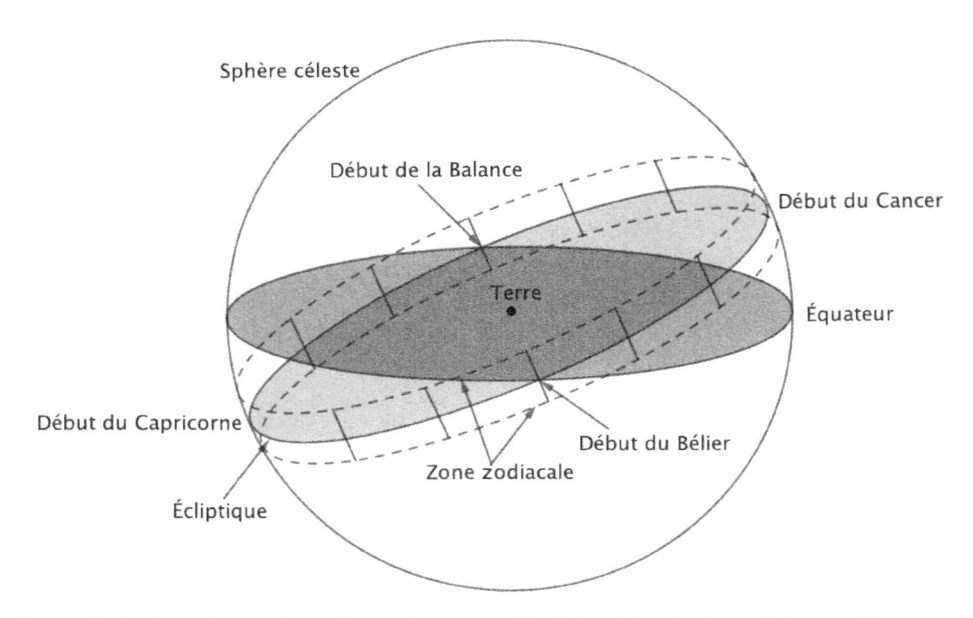

Figure 19-1 : La sphère céleste. Les traits perpendiculaires à l'écliptique délimitent les douze signes du zodiaque

*Chapitre dix-neuf*

5. Il en résulte que le début du signe du Bélier et le début du signe de la Balance tournent sur l'équateur. De ce fait, lorsque le soleil se trouvera en un de ces deux points[8], il ne tendra ni vers le Nord ni vers le Sud. Il se lèvera donc au exactement à l'est et se couchera exactement à l'ouest et le jour et la nuit auront la même durée en tout endroit[9].

6. On t'a donc expliqué que chaque degré du zodiaque est dirigé vers le Nord ou vers le Sud. Et l'inclinaison[10] [dans cette direction] a une mesure dont le maximum n'excède pas vingt-trois degrés et demi environ.

7. Voici les mesures de ces inclinaisons en fonction des angles du zodiaque. L'origine est au début du signe du Bélier. À 10 degrés [du zodiaque] correspond une inclinaison[11] de 4 degrés. À 20 degrés, une inclinaison de 8 degrés. À 30 degrés, une inclinaison de 11 degrés et demi. À 40 degrés, une inclinaison de 15 degrés. À 50 degrés, une inclinaison de 18 degrés. À 60 degrés, une inclinaison de 20 degrés. À 70 degrés, une inclinaison de 22 degrés. À 80 degrés, une inclinaison de 23 degrés. À 90 degrés, une inclinaison de 23 degrés et demi.

8. Si l'angle comporte des unités, tu prendras le surplus induit par les unités entre les deux inclinaisons, comme nous l'avons expliqué pour le soleil et la lune[12]. Comment? Cinq degrés [donneront] une inclinaison de deux degrés et si l'angle est de 23

---

[8] Ces deux positions du soleil correspondent aux équinoxes.
[9] Car, dans un repère terrestre (voir Annexe 1), le soleil tourne sur l'équateur ce jour-là puisqu'il se trouve en un point vernal.
[10] Il s'agit de l'angle entre le segment qui joint le centre de la terre au centre du soleil (sur l'écliptique) et le plan de l'équateur, comme cela a été décrit dans le paragraphe 4.
[11] Cette inclinaison est appelée « déviation » ou encore « largeur » pour la trajectoire de la lune par rapport à l'écliptique (voir chapitre 16, note 7). Les valeurs données ici sont approximatives à un quart de degré près et non précises comme pour l'inclinaison de l'orbite de la lune par rapport à l'écliptique donnée au chapitre 16, paragraphe 11 car, comme l'a annoncé Maïmonide, les notions de ce chapitre ne sont pas fondamentales. Pour obtenir les valeurs exactes, il suffit, dans la formule (4) de l'Annexe 6, de remplacer $c = \sin 5°$ par $c = \sin 23,5°$. Dans cette formule, $a$ sera alors l'angle du zodiaque et $b$ l'inclinaison.
[12] Chapitre 16, paragraphe 12.

*La sanctification du mois*

degrés, son inclinaison [sera] de 9 degrés[13]. Il en va de même pour toutes les unités qui suivent les dizaines.

9. Une fois que tu connais les inclinaisons [correspondant aux angles allant] de un à 90 degrés, tu pourras connaître toutes les inclinaisons, comme nous l'avons expliqué pour la largeur de la lune[14]. En effet, si l'angle est entre 90 et 180 [degrés], tu soustrairas [sa valeur] à 180. Si l'angle est entre 180 et 270 [degrés], tu soustrairas 180 à [sa valeur]. Si [enfin] l'angle est entre 270 et 360 [degrés], tu soustrairas [sa valeur] à 360. Tu connaîtras alors l'inclinaison du reste, qui n'est ni plus ni moins que celle du nombre que tu as en main.

10. Si tu veux savoir de combien de degrés la lune est inclinée par rapport à l'horizon vers le Nord ou le Sud du monde, il faut d'abord connaître la valeur de l'inclinaison correspondant au vrai emplacement de la lune et vers quelle direction Nord ou Sud [la lune] est inclinée[15]. Tu calculeras donc la première largeur de la lune et tu verras si elle est vers le Nord ou le Sud.

11. Comment ? Nous en venons à savoir l'angle que fait la lune avec l'équateur le soir de son apparition, c'est-à-dire le deuxième jour du mois d'Yiar de cette année. Or tu sais déjà que la lune se trouve à 19 degrés du signe du Taureau[16]. Son inclinaison[17] vers le Nord est [donc] d'environ 18 degrés. [D'autre part], la déviation de la lune [avec l'écliptique] est de quatre degrés[18] vers le Sud. En retranchant la plus grande valeur à la plus petite, tu obtiens 14 degrés vers le Nord. En effet, la plus grande valeur, soit 18, était vers le Nord[19]. Tout ce

---

[13] En fait, l'inclinaison exacte est égale à 8° 54', mais Maïmonide se contente ici de valeurs approchées, comme il l'a annoncé au début du chapitre.
[14] Chapitre 16, paragraphes 13 à 15.
[15] Par rapport à l'écliptique.
[16] Soit à 49° de l'origine, c'est-à-dire du début du signe du Bélier (voir Figure 9-1). Un calcul exact donne 18° 36' (voir chapitre 16, paragraphes 14, 17 et 19), mais Maïmonide arrondit ici à 18°.
[17] Il s'agit en fait de l'inclinaison de l'écliptique par rapport à l'équateur à la verticale de la position de la lune, comme on le voit dans les valeurs données au paragraphe 7 (49° étant pratiquement égal à 50°). Ici, Maïmonide identifie la lune au soleil car c'est l'angle que fait l'écliptique avec l'équateur à la verticale de la lune qui importe (Figue 19-2).
[18] Dans le chapitre 16, la valeur est 3° 53', mais Maïmonide arrondit à 4°.
[19] Ce calcul est illustré dans la Figure 19-2. Nous voyons que la ligne des nœuds ne diffère que de 2° 30' du début du signe du Bélier (qui est l'origine

calcul est approché et non précis car il n'a aucune importance pour [le moment de] l'apparition [de la lune].

12. Si tu veux maintenant savoir vers lequel des points cardinaux la lune sera inclinée lors de son apparition, détermine par le calcul son inclinaison par rapport à l'équateur. Si elle se trouve sur l'équateur ou à deux ou trois degrés au Nord ou au Sud de celui-ci, elle sera exactement en direction de l'Ouest [20] et l'intérieur de son croissant sera exactement en direction de l'Est [21].

13. Si elle se trouve au-dessus de l'équateur vers le Nord, elle apparaîtra entre l'Ouest et le Nord et l'intérieur de son croissant sera [dirigé] entre l'Est et le Sud.

14. Si elle se trouve au-dessous de l'équateur vers le Sud, elle apparaîtra entre l'Ouest et le Sud et l'intérieur de son croissant sera [dirigé] entre l'Est et le Nord. Plus elle sera loin de l'équateur, plus son inclinaison [vers le Sud ou vers le Nord] sera importante.

15. Parmi les questions posées aux témoins, on demandait à quelle hauteur se trouvait la lune. Cette hauteur est connue grâce à l'arc d'apparition. Lorsque cet arc est court, la lune apparaît proche de la terre et, lorsqu'il est long, elle apparaît loin au-dessus de la terre. La hauteur de la lune est d'autant plus grande que l'arc d'apparition est long[22].

---

pour les angles). D'autre part, la position du soleil est égale à 37° 9', ce qui montre que Maïmonide utilise ici l'inclinaison de l'écliptique à la verticale de la lune et non pas à celle du soleil, c'est pourquoi elle n'apparaît pas dans le dessin de la coupe, en bas de la Figure 19-2.

[20] Les directions définies dans ce paragraphe et dans les deux suivants sont calculées par rapport à un observateur situé à Jérusalem. Elles sont données par rapport à l'horizon pour cet observateur. La définition de l'horizon et la détermination de ces directions sont détaillées dans l'Annexe 10.

[21] Cela vient du fait que, lors de l'apparition de la lune, le soleil est toujours à l'ouest de celle-ci.

[22] Puisque cet arc mesure l'angle entre le soleil et la lune au coucher du soleil.

*La sanctification du mois*

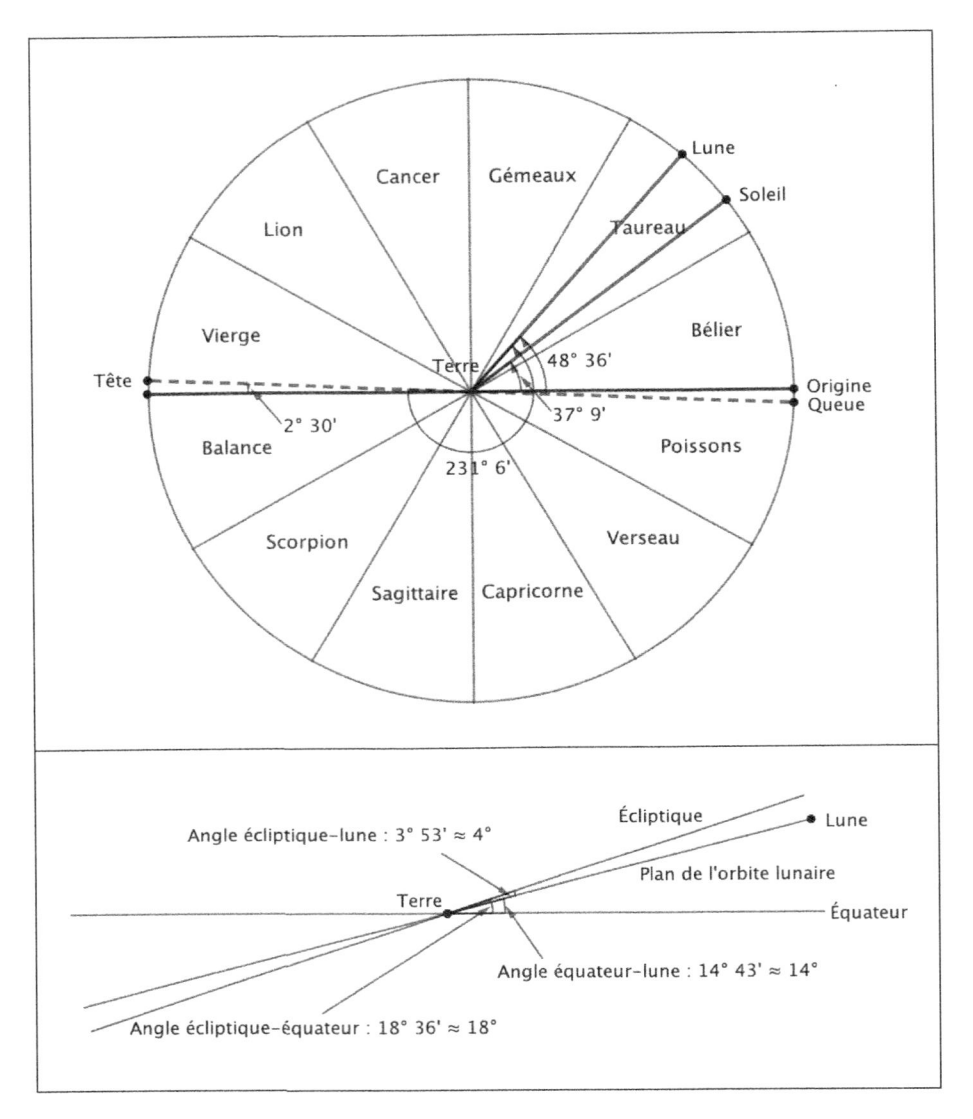

Figure 19-2 : En haut, la position de la lune et du soleil ainsi que de la ligne des nœuds, qui joint la tête et la queue de l'orbite de la lune – en pointillés – dans leur repérage par rapport au zodiaque. En bas, une coupe – selon la droite qui relie la terre (au centre) à la lune – de l'équateur, de l'écliptique et du plan contenant l'orbite de la lune

*Chapitre dix-neuf*

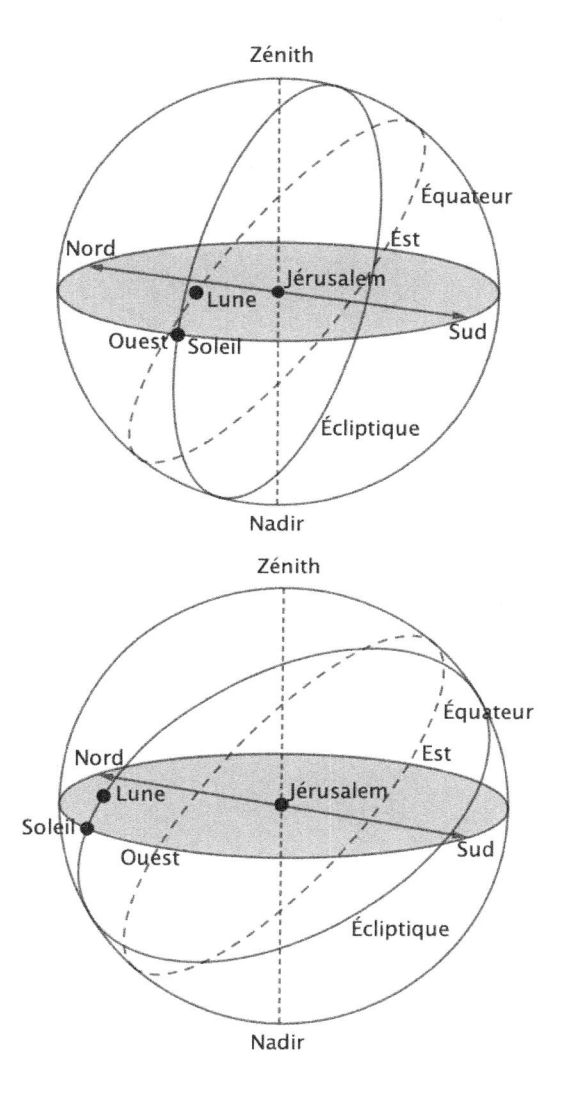

Figure 19-3 : Configuration de la sphère céleste au coucher du soleil lors de l'apparition de la lune au début du mois de Nissane (le 14/03/2021, en haut) et du mois de Tamouz (le 11/06/2021, en bas) de l'année 5781. Nous voyons qu'au mois de Nissane, qui est proche de l'équinoxe de printemps, le soleil est presque à l'intersection de l'écliptique (en trait continu) et de l'équateur (en pointillés) et se trouve de ce fait – avec la lune – (l'Ouest étant toujours à l'intersection de l'équateur et de l'horizon (en gris)) pratiquement à l'Ouest de l'horizon. Par contre, au mois de Tamouz, proche du solstice d'été, le soleil s'est éloigné de l'équateur vers le Nord et se trouve donc – avec la lune – au Nord-Ouest de l'horizon. Il en va de même pour l'équinoxe d'automne et le solstice d'hiver (où le soleil se décale vers le Sud). Ces figures ont été obtenues grâce à l'application Daff Lune (sur Androïd)

*La sanctification du mois*

16. Nous avons donc expliqué tous les calculs nécessaires afin de déterminer le moment où la lune apparaît et d'interroger les témoins. [Cela], afin que tout soit connu de ceux qui comprennent et qu'il ne leur manque rien des chemins de la Thora. Ils ne seront pas [ainsi] tentés de chercher cette connaissance dans d'autres ouvrages. Interrogez le livre de D.ieu et lisez-le, aucune de celles-là[23] ne manquera[24].

Les lois sur la sanctification du mois sont terminées[25].

---

[23] C'est-à-dire de ces connaissances.
[24] Cette phrase conclusive est empruntée à une prophétie d'Isaïe (34 :16) prononcée dans un autre contexte.
[25] Cette phrase conclusive apparaît à la fin de chaque partie du Michné Thora.

**Annexes**

**Annexe 1.** – Pour comprendre les mouvements des différentes planètes, il faut introduire la notion de référentiel. Un référentiel rend compte de l'observation d'un mouvement en un point donné. Donnons un exemple simple. Si un train de voyageurs passe devant une prairie où se trouvent des vaches. Une vache verra le train et ses voyageurs se déplacer. Par contre, un voyageur verra les vaches se déplacer. Or, il s'agit d'un seul mouvement. Ce qui différencie la vache du voyageur est leur référentiel. On dira que, dans le référentiel de la vache, le train se déplace et dans celui du voyageur, la vache se déplace (en sens contraire du train). Un référentiel dépend donc de l'observateur, mais aussi de la direction dans laquelle il se trouve. En effet, un voyageur dont la tête est tournée vers la fenêtre du train ne verra pas la même chose qu'un voyageur dont la tête est dans la direction du train. C'est pourquoi on définit un référentiel par un centre ($O$), qui correspond à l'observateur, et trois directions ($Ox, Oy, Oz$). $Ox$ et $Oy$ sont deux directions horizontales et $Oz$, la direction verticale (Figure A-1).

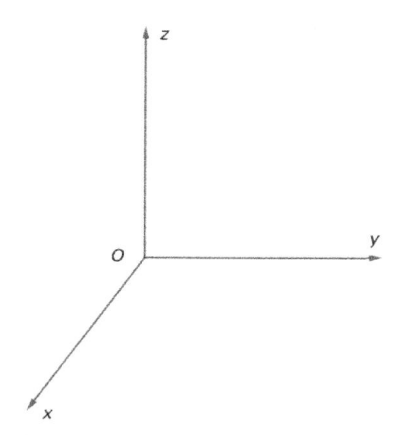

Figure A-1 : Exemple de référentiel

Pour décrire les mouvements des planètes, trois référentiels sont couramment utilisés :

1. Le référentiel géocentrique, pour lequel l'observateur (fictif) est au centre de la terre et reste fixe lorsque la terre tourne autour de son axe (Figure A-2). Dans ce référentiel, le soleil tourne en un peu plus de 365 jours autour de la terre en

décrivant une ellipse[1] d'excentricité égale à 0,0167 et la terre tourne sur elle-même en 24 heures. C'est ce référentiel qui est utilisé dans tous les calculs de Maïmonide. Il restera le référentiel des astronomes jusqu'au seizième siècle.

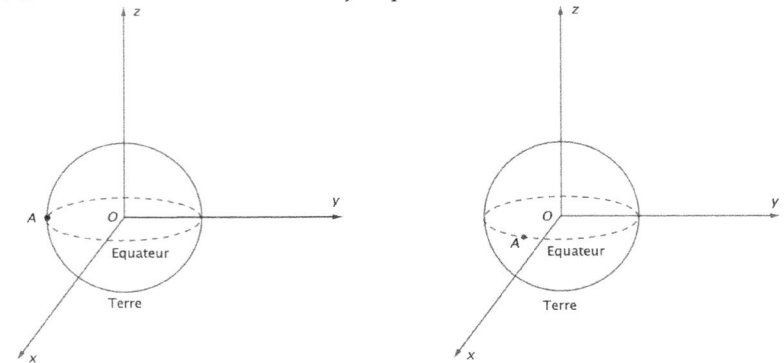

Figure A-2 : Référentiel géocentrique. Le point A, immobile sur l'équateur (à gauche), tourne avec la terre alors que le référentiel reste inchangé lorsque la terre tourne sur elle-même (à droite)

2. <u>Le référentiel terrestre</u>. Le centre de ce référentiel est aussi celui de la terre, mais l'observateur (qui est le centre du référentiel[2]) tourne (ainsi que les directions $Ox$ et $Oy$) avec la terre autour de son axe (Figure A-3). Dans ce référentiel, le soleil tourne en vingt-quatre heures autour de la terre en décrivant un cercle. C'est le mouvement du soleil qu'on peut observer sur la terre. Contrairement au référentiel géocentrique, ce référentiel est le plus naturel pour nous.

---

[1] Une ellipse est un cercle aplati dont l'aplatissement est donné par un coefficient $e$ appelé excentricité dont la valeur est comprise entre 0 et 1 (Figure A-4). $e = 0$ correspond à un cercle.
[2] En fait, le rayon de la terre (6370 kilomètres) étant négligeable devant la distance terre-soleil (150 millions de kilomètres), situer notre observateur à la surface de la terre plutôt qu'au centre n'induit pas une différence significative dans la description des mouvements des planètes.

*Annexes*

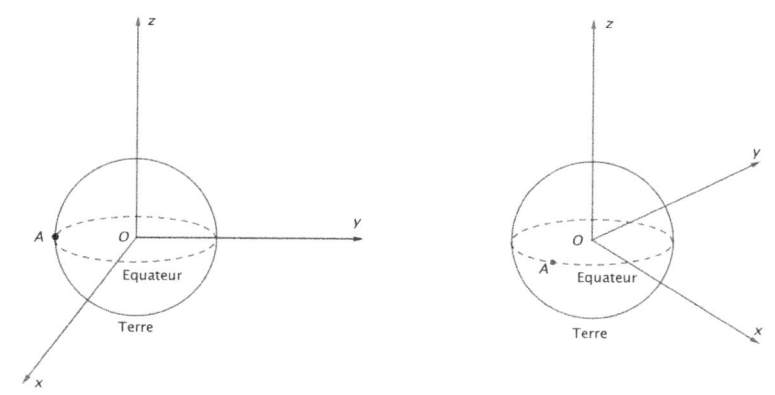

Figure A-3 : Référentiel terrestre. Les directions $Ox, Oy$ tournent avec la terre autour de son axe et le point $A$ reste immobile par rapport à ces directions

3. Le référentiel héliocentrique. Dans ce référentiel, l'observateur est situé au centre du soleil et les directions $Ox, Oy, Oz$ restent fixes. Dans ce référentiel, toutes les planètes du système solaire (à l'exception de la lune et des satellites des autres planètes) ont une trajectoire elliptique et toutes leurs trajectoires sont dans le même plan. L'axe Oz est alors la direction perpendiculaire à ce plan. Dans ce référentiel, la terre tourne en un peu plus de 365 jours autour du soleil en décrivant la même ellipse que le soleil dans un référentiel géocentrique. C'est ce référentiel qui est utilisé en astronomie de nos jours.

**Annexe 2.** – Nous allons expliciter les calculs qui conduisent au premier indicateur donné dans le chapitre 8, paragraphe 10. Du fait de leur complexité, nous ne le ferons que pour cet indicateur. En préliminaire, nous rappelons les règles suivantes :

1 – On repousse le premier Tichri au lendemain (ou au surlendemain) dans le quatre cas ci-dessous (énoncés dans le chapitre 7, paragraphe 6) :

   a. S'il tombe un dimanche, un mercredi ou un vendredi.
   b. Si la lune naît à midi ou après midi.
   c. Si c'est le début d'une année simple et qu'elle naît à partir de 204 fractions de la dixième heure de la nuit de mardi, soit mardi à 3 heures et 204 fractions d'heure du matin (ou 3h 11mn 20s ou 3,188889 heures).

d.  Si c'est le début d'une année simple qui suit une année embolismique et qu'elle naît à partir de 589 fractions de la quatrième heure du jour de lundi, soit lundi à 9 heures et 589 fractions d'heure du matin (ou 9h 32mn 43s et 1/3 de seconde ou 9,545370 heures).

2 – La différence entre les naissances de la lune le premier Tichri d'une année simple et le premier Tichri de l'année suivante est égale à 4 jours 8 heures et 873 fractions d'heure (ou 4j 8h 48mn 30s, soit en écriture décimale : $r_1 = 4,367014$). Pour une année embolismique, cette différence est de 5 jours 21 heures et 589 fractions d'heure, (ou 5j 21h 32mn 43s et 1/3 de seconde, soit en écriture décimale : $r_2 = 5,897724$) (voir chapitre 6, paragraphe 5).

3 - La différence entre les naissances de la lune le premier Tichri d'une année simple et le premier Tichri de l'année suivante (premiers Tichri exclus) est égale à (voir note 9 du chapitre 8)

   a.  2 jours si ses mois sont incomplets,
   b.  3 jours si ses mois sont en ordre,
   c.  4 jours si ses mois sont entiers

4 - La différence entre les naissances de la lune le premier Tichri d'une année embolismique et le premier Tichri de l'année suivante (premiers Tichri exclus) est égale à (voir note 9 du chapitre 8)

   a.  4 jours si ses mois sont incomplets,
   b.  5 jours si ses mois sont en ordre,
   c.  6 jours si ses mois sont entiers

Si donc le premier Tichri tombe un mardi et si l'année précédente est une année embolismique (ce qui implique que l'année suivante est simple car deux années embolismiques ne peuvent se suivre), la lune est née au moins lundi à 589 fractions de la quatrième heure du jour, c'est-à-dire à 9 heures et 589 fractions d'heure du matin (règle 1-d), soit en écriture décimale : $min = 0,397724$ jours du lundi (après dimanche minuit). Dans ce cas, pour notre année simple (année 1), le jour de la semaine et l'heure minimale de la naissance de la lune du premier Tichri de l'année suivante (année 2) est trouvée en ajoutant la somme de l'heure minimale de la naissance de la lune de l'année 1 ($min$) et de $r_1$ – soit $min + r_1 = 4,764738$ – à dimanche (règle 2). La lune apparaît donc le cinquième jour au soir après dimanche, c'est-à-dire vendredi soir. Le premier Tichri tombe donc samedi (car on est dans les heures de la nuit du samedi, le jour commençant la veille au soir, c'est-à-dire à 4,75 jours avec notre notation). Si on compte maintenant l'intervalle (mardi et samedi exclus) entre les jours du premier Tichri de l'année 1 (mardi) et de l'année 2 (samedi), on trouve trois jours, ce qui implique que les mois de l'année 1 sont en ordre (règle 3-b).

D'autre part, la lune est née au plus à 204 fractions de la dixième heure de la nuit de mardi, c'est-à-dire mardi à 3 heures et 204 fractions d'heure du matin (règle 1-c), soit en écriture décimale : $max = 0{,}132870$ jours du mardi (après lundi). Comme pour le minimum, on trouve le moment de la naissance de la lune du mois de Tichri de l'année 2 en ajoutant $max + r_1 = 4{,}499884$ à lundi. La naissance de la lune pour l'année 2 est donc samedi (juste) avant midi (règle 1-b) et le premier Tichri tombe alors samedi. Nous sommes dans la configuration précédente et l'année reste en ordre. Il est évident que cette configuration reste valable pour tous les instants entre les valeurs minimale et maximale.

Si maintenant l'année précédente n'est pas embolismique, la lune est née au minimum lundi à midi et nous aurons $min = 0.5$ (règle 1-b) et $min + r_1 = 4{,}867014$. La lune naît donc le cinquième jour au soir après dimanche, soit vendredi soir et le premier Tichri est donc samedi. Nous arrivons donc aux mêmes conclusions. L'heure maximale de l'apparition de la lune reste inchangée dans ce cas.

Si maintenant l'année est embolismique, la lune ne peut apparaître qu'entre lundi à midi et mardi à midi (règle 1-b). On a donc $min = 0{,}5$ et $max = 0{,}5$. Dans les deux cas, il faut ajouter $r_2$ à 0,5, ce qui donne $min + r_2 = max + r_2 = 6{,}397724$. La lune apparaît donc le septième jour au matin après dimanche dans le premier cas, soit dimanche et le premier Tichri est repoussé à lundi. Dans le second cas, il faut ajouter sept jours à lundi, ce qui donne lundi. Cinq jours séparent alors les deux premiers Tichri (mardi et lundi) dans les deux cas, ce qui correspond bien à une année embolismique dont les jours sont en ordre (règle 4-b).

Le lecteur a maintenant tous les outils pour justifier les autres indicateurs donnés au sixième paragraphe du chapitre 8.

**Annexe 3.** – La description des mouvements des planètes faite par Maïmonide diffère de la description actuelle de deux points de vue. D'abord, elle utilise un référentiel géocentrique et non héliocentrique

(Annexe 1). D'autre part, elle ignore le caractère elliptique la trajectoire des planètes autour du soleil et, de ce fait, le modèle des cercles décentrés, présenté dans la note 4 du chapitre 13, n'est qu'une approximation – assez précise, comme nous allons le voir – de la réalité physique.

Du point de vue de l'astrophysique actuelle, le fait que l'on ajoute ou que l'on retranche le déphasage à la position moyenne est dû à la variation de la vitesse du soleil dans sa trajectoire elliptique, qui est tantôt supérieure tantôt inférieure à la vitesse de sa trajectoire (fictive) circulaire uniforme (ou trajectoire moyenne). En fait, Kepler (1571-1630) a montré que c'était la vitesse surfacique qui était constante pour la trajectoire elliptique et non la vitesse angulaire (deuxième loi de Kepler illustrée par la Figure A-4, dans laquelle – pour des raisons pédagogiques – l'ellipse est beaucoup plus aplatie que la trajectoire du soleil). Pour un cercle, la vitesse surfacique est égale à la vitesse angulaire. La différence entre l'angle de la position vraie et celui de la position moyenne (appelée ici « déphasage ») est donnée par l'équation de Kepler qui n'est pas évidente à résoudre (Figure A-5). À l'époque de Maïmonide et a fortiori à celle de Ptolémée, cette approche n'était pas connue.

Il est intéressant de comparer les résultats donnés par Maïmonide à ceux obtenus en résolvant l'équation de Kepler[3]. Cette équation est donnée par la relation :

$$E - e.sin(E) = a \quad (1)$$

où $a$ est l'angle[4] donné par la trajectoire moyenne (anomalie moyenne, Figure A-5), $E$ l'anomalie excentrique (qu'il serait fastidieux de définir ici) et $e$ l'excentricité de la trajectoire elliptique (définie dans la note 1). Cette équation est implicite, c'est-à-dire qu'on ne peut pas en trouver une solution exacte, mais une solution approchée. À partir de E, on peut calculer l'angle $c$ correspondant à la position exacte (anomalie vraie, $c = a + b$ dans la Figure A-5) par la formule :

---

[3] Ce paragraphe fait appel à des notions mathématiques qui ne sont pas nécessaires pour comprendre leur résultat.
[4] Tous les angles dans les formules qui suivent sont en radians.

*Annexes*

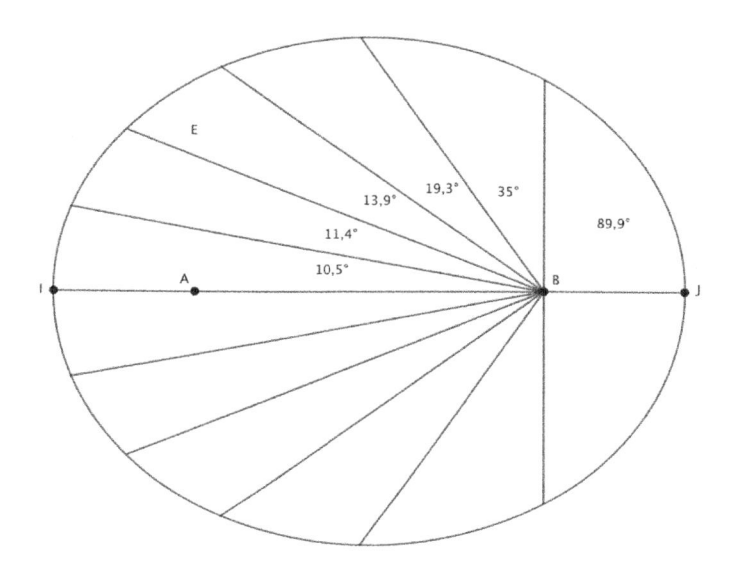

Figure A-4 : Illustration de la deuxième loi de Kepler. Tous les secteurs de l'ellipse sont parcourus dans un même temps car leurs surfaces sont égales, bien que les angles soient différents

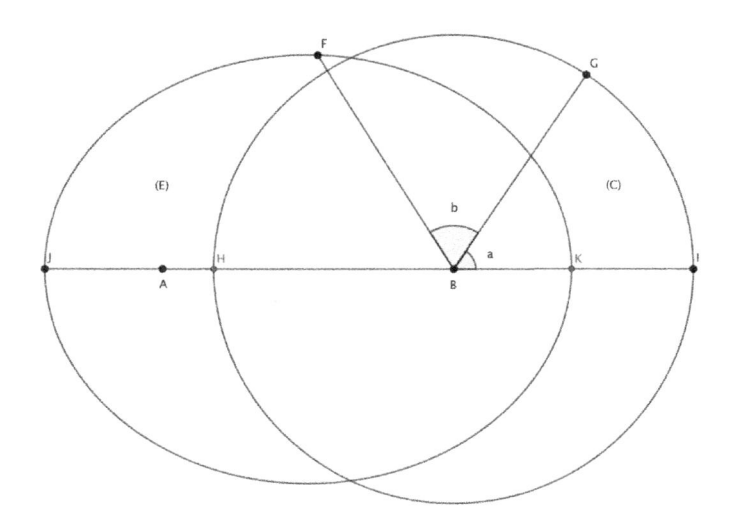

Figure A-5 : Position moyenne (G, angle *a*) et position vraie (F) calculées en résolvant l'équation de Kepler. L'ellipse représente la trajectoire réelle et le cercle, la trajectoire moyenne. Le déphasage est l'angle *b*

*La sanctification du mois*

$$c = 2.\tan^{-1}\left(\sqrt{\frac{1+e}{1-e}}.\tan\frac{E}{2}\right) \quad (2)$$

D'autre part, en appliquant le théorème du cosinus à deux reprises, on trouve que le déphasage $b$ de la Figure 13-1 est donné par la formule :

$$b = \cos^{-1}\left(\frac{1+k.\cos a}{\sqrt{k^2 + 2.k.\cos a + 1}}\right), k = \tan(1°\,59') = 0{,}034617 \quad (3)$$

La comparaison des données de Maïmonide, des résultats obtenus par les formules (1)-(2) et ceux obtenus par (3), est donnée dans les Figures A-6 et A-7.

**Annexe 4.** – Les mouvements de la lune étant très complexes, il est bon d'introduire les différents paramètres qui contribuent à sa trajectoire avant d'aller plus loin :
- La lune elle-même tourne autour de la terre en décrivant une pseudo-ellipse dont l'excentricité (voir note 1) varie entre 0,0255 et 0,0775. Cette variation est due à l'influence du soleil sur la lune[5], appelée « évection » (Figure A-9).
- Son orbite est dans un plan qui fait un angle de 5 degrés 10 minutes avec l'écliptique (plan contenant l'orbite du soleil autour de la terre, voir note 6 du chapitre 12).
- Le grand axe de sa trajectoire, appelé « ligne des apsides » qui relie le point où la lune est le plus loin de la terre (apogée) à celui où elle est le plus proche (périgée) tourne sur lui-même en une période de 3232,6 jours, soit 8,85 ans (8 ans, 10 mois et 6 jours).
- L'écliptique et le plan de la trajectoire de la lune se coupent en une droite qui rejoint l'orbite de la lune en deux points, appelés « nœud ascendant » (ou « tête » dans le langage de Maïmonide) et « nœud descendant » (ou « queue »). Ces nœuds se déplacent lentement en décrivant un cercle complet en 18,60 ans (18 ans, 7 mois et 6 jours). Leur rotation, en sens inverse de celui de la lune, fait que, dans un hémisphère

---

[5] En fait, bien que le soleil soit 390 fois plus loin de la lune que la terre, sa masse est telle qu'il exerce un force plus de deux fois plus grande que la terre sur la lune. C'est cette force qui induit les perturbations de la trajectoire de la lune autour de la terre.

*Annexes*

donné, le plan de l'orbite de la lune passe en 9,30 ans de 5 degrés 10 minutes au-dessus de l'écliptique à 5 degrés 10 minutes au-dessous de l'écliptique et retourne à sa position initiale 9,30 ans après.

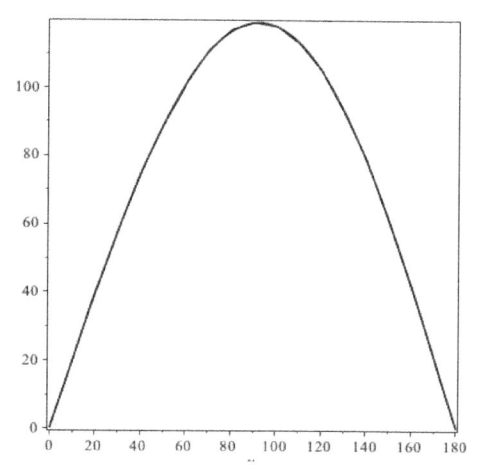

Figure A-6 : Comparaison entre les valeurs données par Maïmonide et par la formule (3). On peut voir que les deux courbes sont pratiquement confondues

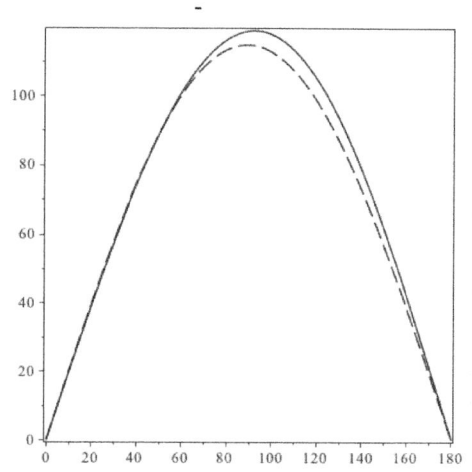

Figure A-7 : courbes donnant les déphasages (en minutes) en fonction de l'anomalie moyenne (en degrés) obtenus par l'équation de Kepler (tirets) et la formule (3) (trait continu). On remarque que les deux courbes coïncident jusqu'à 60° et diffèrent raisonnablement après cette valeur[6]

---

[6] La différence provient en grande partie des valeurs des maxima données par Maïmonide et par l'astrophysique actuelle (voir note 4 du chapitre 13).

- Tous ces paramètres font que l'on peut définir plusieurs périodes de rotation de la lune (dans un repère géocentrique) dont nous retiendrons trois pour notre propos : la « période sidérale », la « période synodique » et la « période anomalistique ».

1. La période sidérale est le temps que met la lune pour faire un tour complet de la terre. Elle dure 27,321661 jours[7].

2. La période synodique marque le temps qui s'écoule entre deux moments où la lune est alignée avec le soleil et la terre (Figure 1-1). C'est le mois lunaire dont la durée est égale à 29,530588 jours. Si cette période est plus longue que la précédente, c'est parce qu'en 27,321661 jours, le soleil a avancé dans sa trajectoire de presque 27 degrés

---

En effet, si on remplace $k = \tan(1° 59')$ par $k = \tan(1° 55')$, qui est la valeur utilisée par les astronomes actuels (voir note 4 du chapitre 13), on obtient les courbes données dans la Figure A-8.

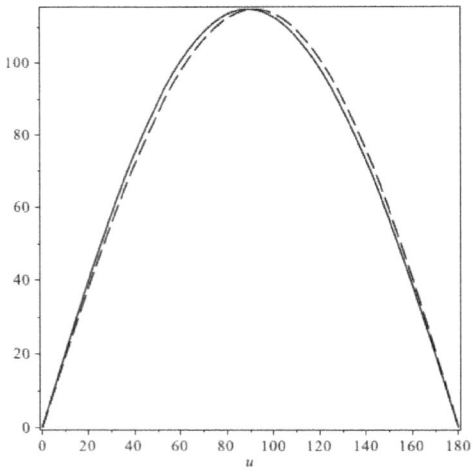

Figure A-8 : courbes donnant les déphasages (en minutes) en fonction de l'anomalie moyenne (en degrés) obtenus par l'équation de Kepler (trait continu) et la formule (3) avec $k = \tan(1° 55')$ (tirets). On remarque que les deux courbes sont très proches l'une de l'autre

[7] Les durées données ici sont celles admises par les astronomes actuellement. Ce sont des données moyennes qui peuvent légèrement varier d'un mois à l'autre. Nous verrons qu'elles diffèrent très peu de celles données par Maïmonide.

*Annexes*

que la lune met un peu plus de deux jours à parcourir (Figure A-11). En faisant la division de douze périodes synodiques par la période sidérale, on trouve 12,970, ce qui signifie que la lune tourne pratiquement treize fois autour de la terre en une année lunaire de douze mois !

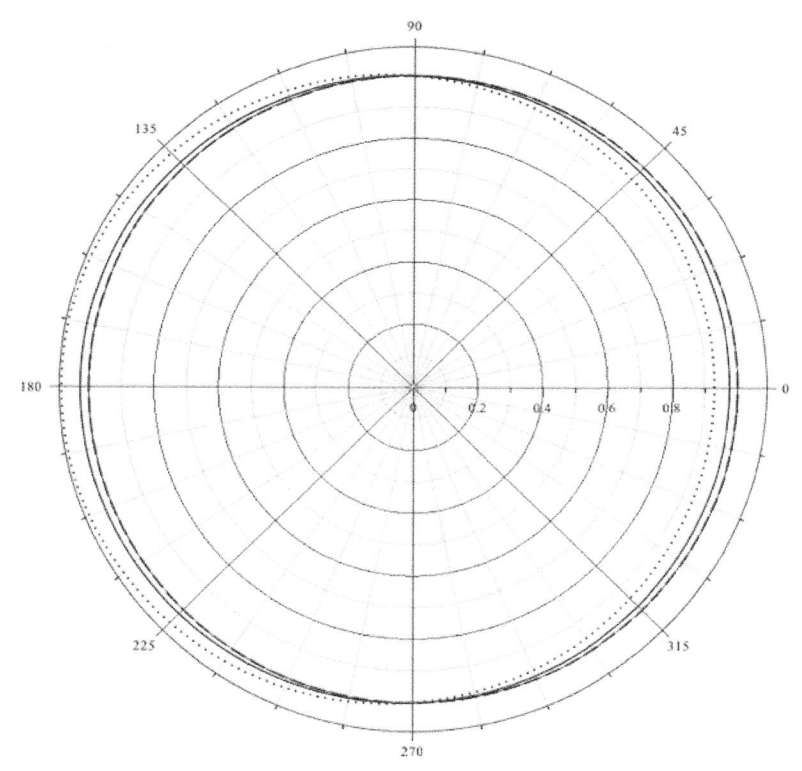

Figure A-9 : Ellipses d'excentricités 0,0255 (tirets) et 0,0775 (pointillés) par rapport à une trajectoire circulaire (trait plein). On peut voir clairement la différence entre les deux ellipses qui montrent que la perturbation induite par le soleil n'est pas négligeable

*La sanctification du mois*

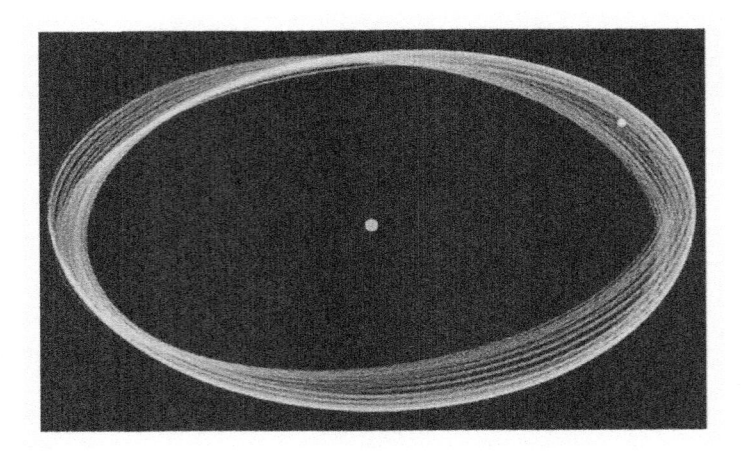

Figure A-10 : Orbites de la lune au cours du temps

3. La période anomalistique est le temps que la lune met à revenir à sa position par rapport à la ligne des apsides (comme elle le fait pour rattraper le soleil). Elle est égale 27,554550 jours et donc très peu différente de sa période sidérale car la ligne des apsides se déplace très lentement.

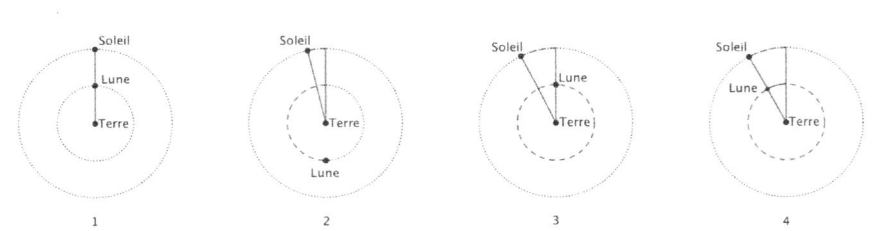

Figure A-11 : Période synodique de la lune. En 1, le soleil et la lune sont alignés avec la terre. En 2, la lune a fait un demi-tour de la terre et le soleil s'est déplacé de 13,45 degrés. En 3, la lune a fait un tour complet et le soleil est à 26,9 degrés de sa position initiale. En 4, la lune est de nouveau alignée avec le soleil et la terre[8]

**Annexe 5.** – Les valeurs du déphasage données dans le paragraphe 6 du chapitre 15 proviennent d'un calcul géométrique fondé sur la représentation de la trajectoire de la lune par un grand cercle est un

---

[8] En fait, lorsque la lune rejoint le soleil, celui-ci s'est encore déplacé d'environ deux degrés pendant les deux jours que la lune a mis à le rattraper. Il fait donc un angle d'environ 29 degrés avec sa position en 1.

*Annexes*

épicycle. Afin de visualiser ce calcul, nous donnons dans la Figure A-13 la représentation de l'exemple des paragraphes 8 et 9 du chapitre 15. Comme pour le soleil, en appliquant le théorème du cosinus à deux reprises, on trouve que le déphasage $b$ (en radians) en fonction du chemin exact $a$ (en radians) est donnée par la relation (3), en remplaçant $k = 0{,}034617$ par $k = 0{,}088954$. Dans la Figure A-14, nous donnons la comparaison des résultats de Maïmonide avec la courbe représentative de notre formule. On peut remarquer une petite différence au sommet de la courbe[9]. Afin de donner une idée de l'irrégularité des positions de la lune, nous présentons, dans la figure A-15 la différence entre les positions moyennes et vraies de la lune lors de son apparition relevées pendant 228 mois (19 ans).

**Annexe 6.** – Dans la Figure A-12, nous représentons le chemin de l'écart (angle $a$) et sa déviation (angle $b$) tels qu'ils sont définis dans le paragraphe 11 du chapitre 16.

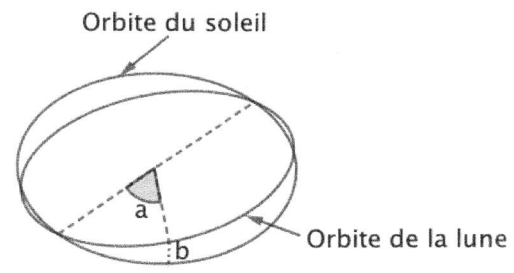

Figure A-12 : Représentation de l'angle entre l'orbite du soleil et celle de la lune ($b$) en fonction de l'angle correspondant à la position de la lune dans un référentiel géocentrique ($a$). Le segment en tirets représente la ligne reliant la tête à la queue

Après quelques calculs de géométrie dans l'espace, nous obtenons la relation suivante entre les deux angles :

$$b = \sin^{-1}(c \cdot \sin a), c = 0{,}087156 \ (= \sin 5°) \quad (4)$$

---

[9] Le nombre de valeurs fausses qui se trouvent dans certaines éditions (voir note 5 du chapitre 15) peuvent laisser à penser qu'une petite erreur se soit aussi glissée dans ces valeurs. En particulier, parce que la valeur de $b$ pour $a = 90°$ est inférieure à celle donnée pour $a = 100°$, ce qui semble mathématiquement et physiquement impossible.

*La sanctification du mois*

Dans la Figure A-16, nous donnons la comparaison entre la courbe représentative de (4) et les valeurs fournies par Maïmonide. Les deux coïncident parfaitement.

**Annexe 7.** – Afin que la lune apparaisse, il faut que son croissant de lumière soit visible par l'œil humain. Le pouvoir séparateur de l'œil – c'est-à-dire l'angle minimal qui sépare deux points pour que l'œil ne les confonde pas – est environ égal à une minute d'angle. Or, si on divise le diamètre de la lune par la distance qui nous sépare d'elle (qui varie entre 356 000 et 406 000 kilomètres), on trouve que l'angle que fait le diamètre lunaire à nos yeux est compris entre 29,4 et 33,5 minutes[10]. Pour que notre œil puisse l'apercevoir, il faut donc que le croissant lunaire recouvre environ 3% du diamètre de la lune (ce qui correspond à environ une minute d'angle).

Dans la figure A-17, nous donnons une représentation du croissant de lune en fonction de l'angle entre la terre et la lune. Dans cette figure, nous voyons que la mesure de l'angle que fait la terre avec le soleil (dans le repère géocentrique) est égale à celle de l'angle $\widehat{DOA}$ (car le segment $OD$ est perpendiculaire à la direction du soleil et $OA$, au segment qui joint le centres de la terre à celui de la lune). Si nous appelons $R$ le rayon de la lune, $x$ la mesure de cet angle et $y$ celle du segment $AG$ (visible dans le zoom), un simple calcul trigonométrique montre que nous avons la relation[11] :

$$y = R(1 - \cos x) \ (5).$$

Il en résulte que le pourcentage $p$ de la partie éclairée de la lune s'écrit :

$$p = 100(1 - \cos x) \ (6).$$

---

[10] Un calcul similaire pour le soleil montre que son diamètre apparent est aussi d'environ 30 minutes, ce qui rend possible les éclipses, pendant lesquelles la lune recouvre le soleil à nos yeux ou inversement.
[11] La distance terre-lune étant 60 fois plus grande que le rayon de la terre, on identifie dans notre calcul la surface de la terre à son centre. Cette approximation (de 1,6%) sera corrigée par Maïmonide.

*Annexes*

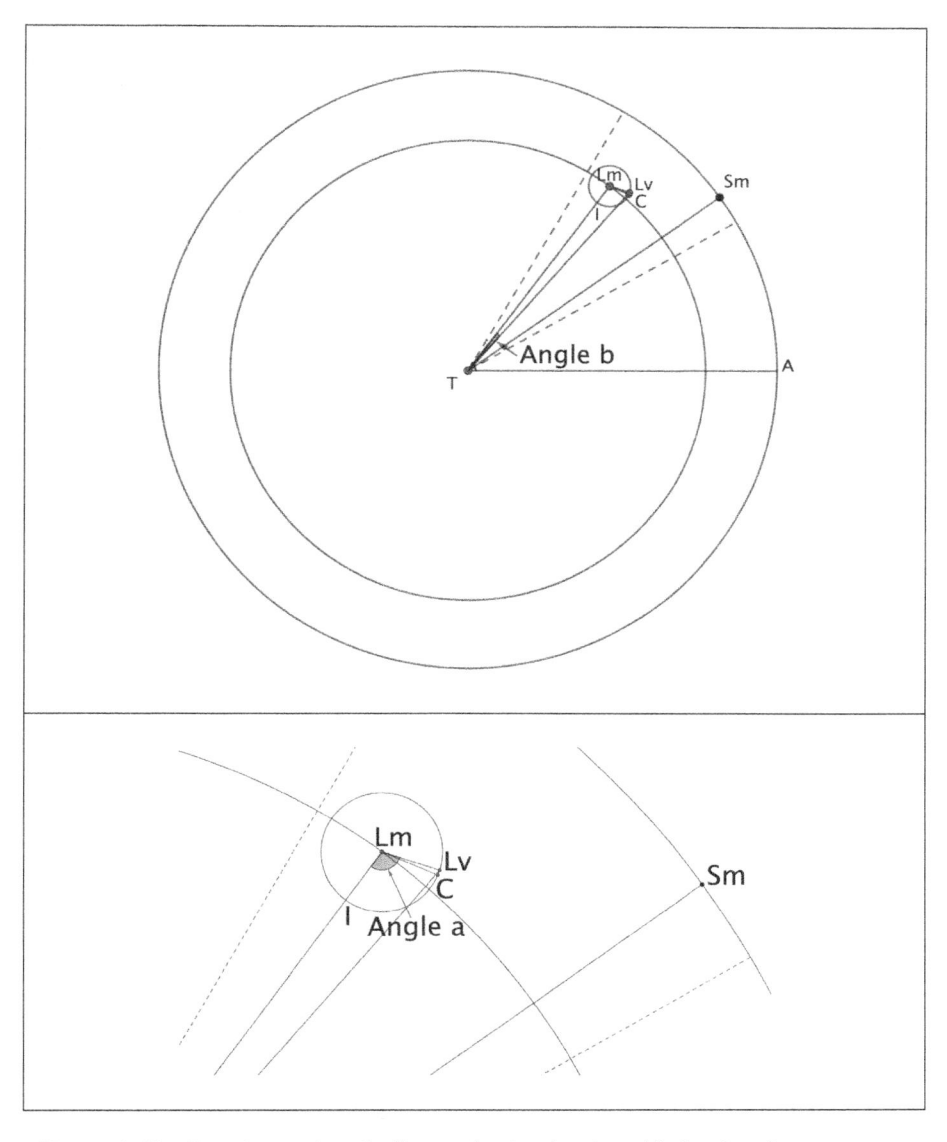

Figure A-13 : Représentation de l'exemple du chapitre 15 (en haut) et zoom sur l'épicycle (en bas). T : terre, Sm : position moyenne du soleil, Lm, Lv : positions moyenne et vraie de la lune. Angles : $\widehat{ATLm}$ : moyenne de la lune, $\widehat{ILmC}$ : moyenne du chemin, $\widehat{ILmLv}$ : chemin exact (angle $a$), $\widehat{CLmLv}$ : ajout, $\widehat{LmTLv}$ : déphasage (angle $b$). Les segments en tirets délimitent le signe du Taureau. Nous voyons clairement que si l'angle $\widehat{ILmLv}$ est supérieur à 180 degrés, il faut ajouter le déphasage à la moyenne de la lune au lieu de la retrancher

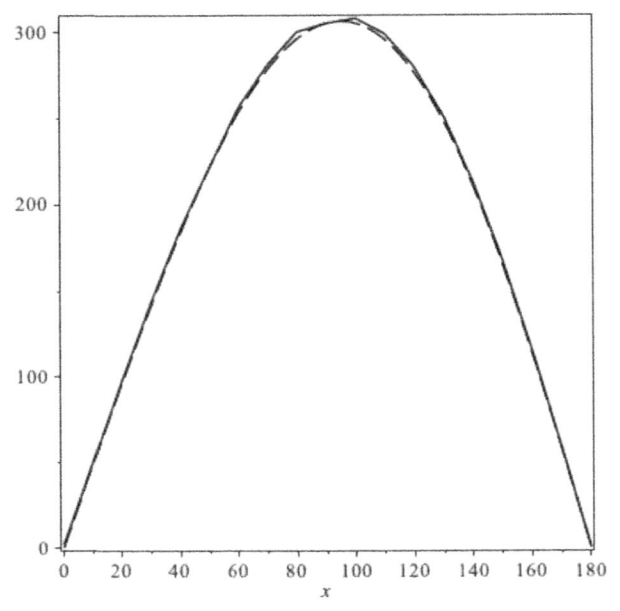

Figure A-14 : Comparaison des déphasages (en minutes) donnés par Maïmonide (trait continu) avec ceux obtenus par notre calcul (tirets)

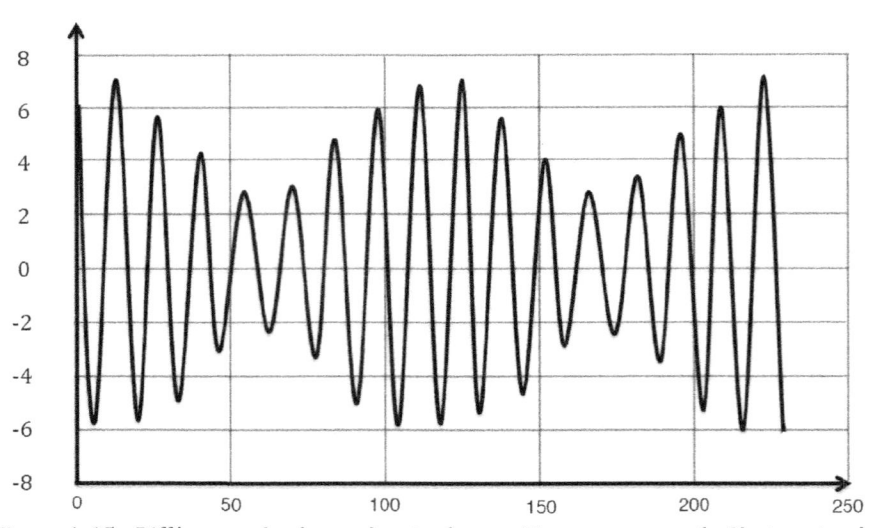

Figure A-15 : Différences (en heures) entre les positions moyennes (= 0) et vraies de la lune lors de son apparition relevées par la NASA pendant 228 mois

*Annexes*

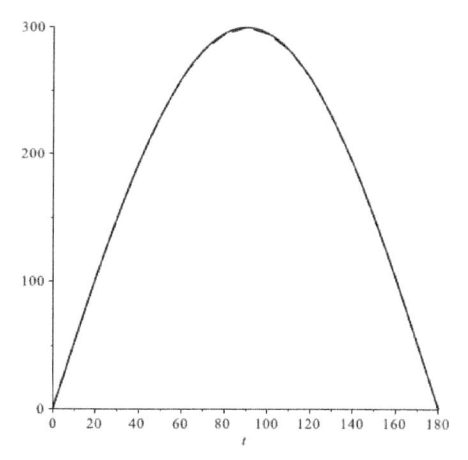

Figure A-16 : Comparaison entre la formule (4) (trait plein) et les valeurs fournies par Maïmonide (tirets)

La courbe donnant $p$ en fonction de $x$ est représentée dans la figure A-18. Elle est comparée à deux autres courbes donnant les valeurs réelles des pourcentages du croissant de lune relevées aux mois de mai et de novembre de l'année 2021[12]. Dans cette figure, nous pouvons remarquer que la courbe supérieure atteint 3% au voisinage de 17° alors que la courbe inférieure n'atteint cette valeur que pour 22° environ[13].

---

[12] Pour ces courbes, les angles en abscisse correspondent à l'écart entre le soleil et la lune. Ils sont calculés en fonction de l'âge de la lune (c'est-à-dire le temps écoulé depuis le moment où elle a rejoint le soleil) pour la valeur moyenne du mois lunaire (29,53 jours). Cela introduit une erreur d'au plus 1%, le mois lunaire variant entre 29,27 et 29,81 jours. On remarquera que $p$ est un pourcentage linéaire et non surfacique. C'est-à-dire qu'il rend compte du rapport entre la longueur du centre du croissant et le diamètre de la lune et non le rapport des surfaces.

[13] Ces valeurs sont approximatives car elles ne tiennent pas compte de la variation de 29,4 à 33,5 minutes de l'angle apparent du diamètre lunaire, qui peut induire jusqu'à 14% d'erreur, mais un calcul précis serait fastidieux car, comme nous l'avons vu, l'excentricité variable de la trajectoire elliptique de la lune fait que celle-ci n'obéit pas à l'équation de Kepler (bien que le principe de la loi des aires reste valable). Toutefois, si on tient compte de la distance de la terre à la lune qui est de 405500km en mai et 359000km en novembre, on s'aperçoit que l'angle de perception du croissant est de 53" en mai et 1' en novembre, ce qui laisse à penser que la valeur de l'angle pour laquelle l'angle de perception du croissant est de 1' en mai est plutôt de l'ordre de 24°. Il faut cependant tenir compte du fait que la vitesse angulaire est d'autant moins

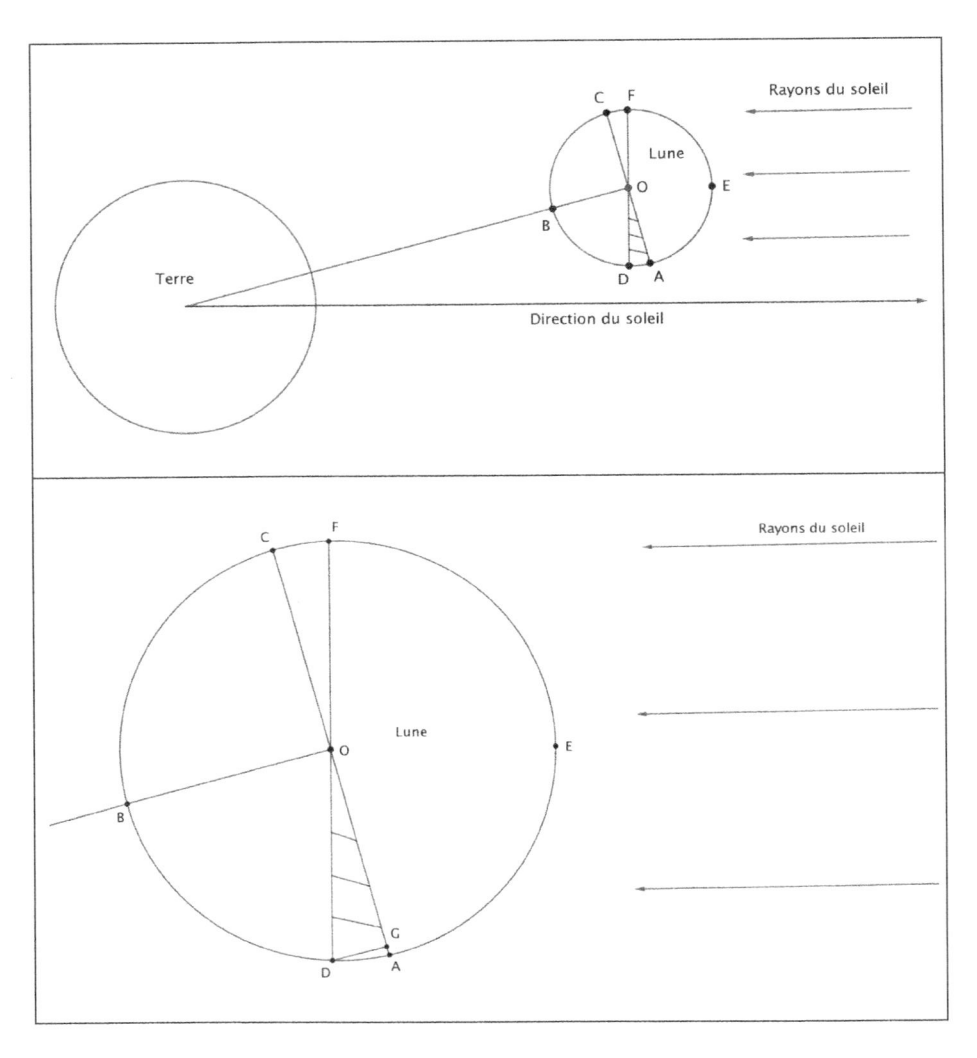

Figure A-17 : Formation du croissant de lune. Représentation générale (en haut) et zoom sur la lune (en bas) pour une coupe selon un plan passant par les centres de la terre et de la lune. Le soleil éclaire la face DEF de la lune alors que c'est la face ABC qui est visible de la terre. De ce fait, pour un observateur terrestre, seul l'arc AD est éclairé et le croissant de lune a une épaisseur maximale égale à la mesure du segment AG (visible dans le zoom).

---

grande que la lune est loin (voir Figure A-4). Tous ces ajustements montrent la difficulté de prédire les mouvements de la lune de façon précise.

*Annexes*

Ces valeurs d'angle sont proches des 15° et 24° annoncés par Maïmonide. Par contre, un angle de 10° ne donne qu'une valeur d'au plus 1%, ce qui semble nettement insuffisant pour que le croissant soit visible. D'autre part, bien que les 17° et 22° sont bien dans les parties du zodiaque annoncées par Maïmonide, cela peut s'inverser d'autres années (en 2017 par exemple).

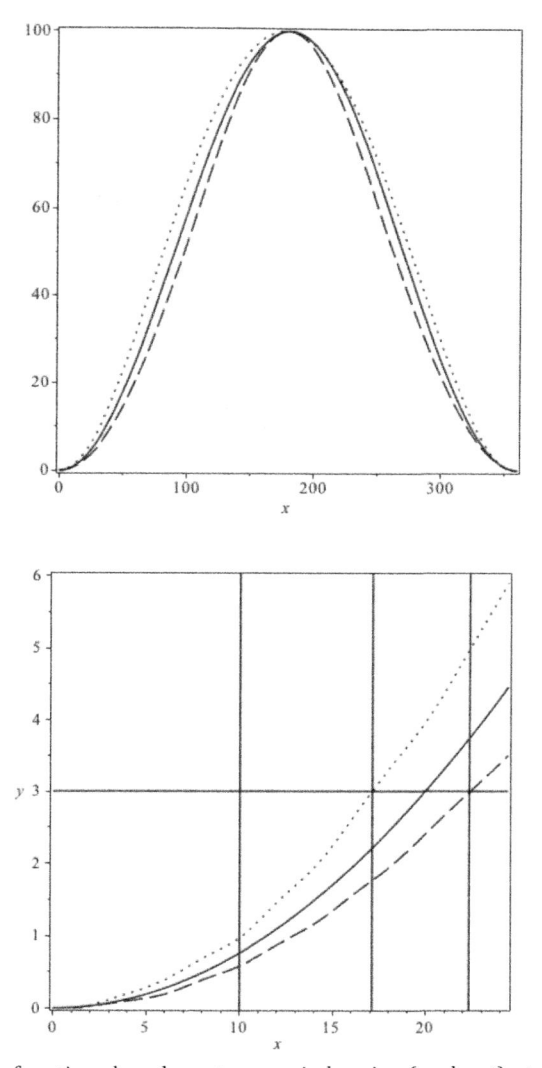

Figure A-18 : $p$ en fonction de $x$ durant un mois lunaire (en haut) et durant environ deux jours (en bas) pour les valeurs calculées (trait plein), relevées au mois de mai (tirets) et au mois de novembre (pointillés) 2021. Les valeurs des pourcentages aux mois de mai et de novembre ont été obtenues par l'application Daff Lune

*La sanctification du mois*

**Annexe 8.** – La parallaxe est la mesure de l'angle entre le segment qui joint Jérusalem[14] au centre de la lune et la droite qui joint les centres de la terre et de la lune[15]. Cet angle est une déviation due à la différence entre le point de vue d'un observateur terrestre et celui d'un observateur (fictif) situé au centre de la terre. Une illustration de cet angle est donnée dans les Figures A-19 et A-20.

Maïmonide introduit une parallaxe horizontale (en latitude) et une parallaxe verticale (en longitude). Les définitions de ces deux parallaxes sont données dans la figure A-21 [16]. Des calculs de géométrie analytique appliqués à ce modèle donnent les valeurs des parallaxes représentées dans la figure A-22.

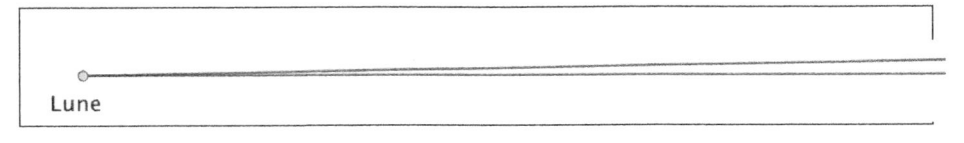

Figure A-19 : Représentation de l'angle de la parallaxe lorsque l'écart entre l'observateur et le centre de la terre est maximal. L'angle est alors égal à 57'. Dans ce dessin, le rapport entre le rayon de la terre et sa distance à la lune est respecté.

La différence plus importante (≤ 7%) entre les données de Maïmonide et celles obtenus par nos calculs pour la parallaxe horizontale vient peut-être de la configuration bidimensionnelle utilisée à l'époque[17].

---

[14] Dont la latitude est égale à 31° 46' Nord, soit 8° 20' au nord du point culminant de l'écliptique. Jérusalem le centre du domaine exploré par Maïmonide.

[15] La parallaxe du soleil n'est pas prise en compte car la distance de la terre au soleil (plus de 350 fois plus grande que celle de la terre à la lune) rend cette parallaxe insignifiante.

[16] Ces définitions sont suggérées dans le livre *Otam Bémoadam* de Y. Silberstein. Dans cet ouvrage, un calcul approché des parallaxes est donné.

[17] Il semble qu'on trouve la même imprécision dans les modèles de Ptolémée en latitude.

*Annexes*

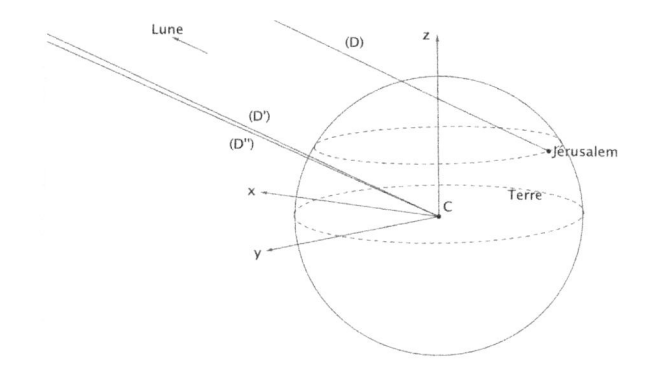

Figure A-20 : Représentation tridimensionnelle de la parallaxe. La lune, qui est le point d'intersection de (D) et (D''), est à environ 380000km de C, soit à une distance égale à 60 fois le rayon de la terre. Ceci explique les toutes petites valeurs (inférieures à 1°) de cet angle (formé par les droites (D) et (D') qui semblent être parallèles) données par Maïmonide. Dans cette figure, le soleil est dans la direction de la droite (D') (qui est dans le plan xCz) et la lune dans la direction de la droite (D) par rapport à Jérusalem et (D'') par rapport au centre de la terre.

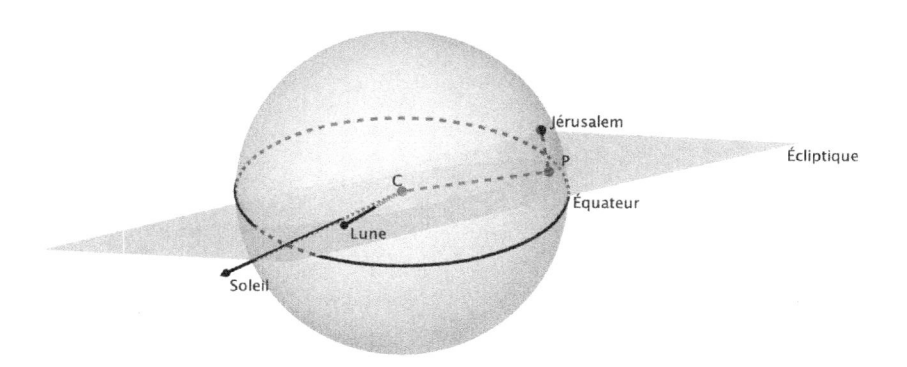

Figure A-21 : Position de Jérusalem et directions de la lune et du soleil lorsque que le soleil est à 10° dans le signe du Taureau (40° de l'origine des signes du zodiaque) et que la lune fait un angle de 12° avec le soleil. Le point P est la projection de la position de Jérusalem sur l'écliptique. Si on appelle J et L (qui est trop loin pour être représenté) les points où se trouvent Jérusalem et la lune, la parallaxe horizontale est la mesure de l'angle $\widehat{CLP}$ et la parallaxe verticale est celle de l'angle $\widehat{JLP}$.

125

*La sanctification du mois*

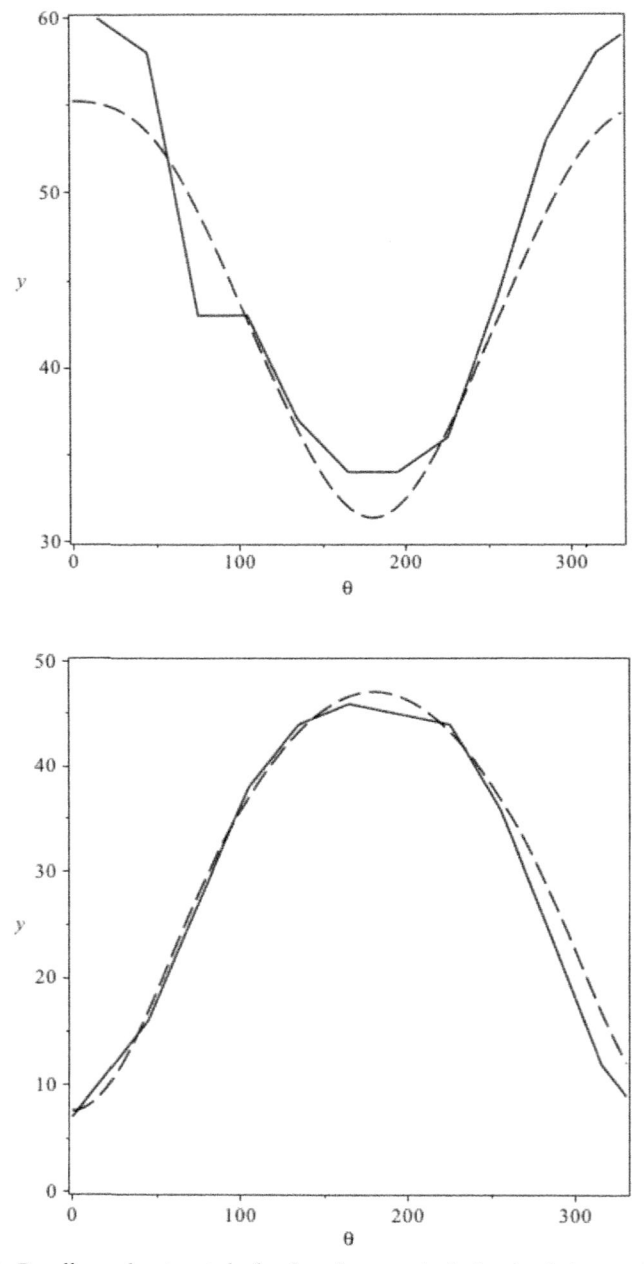

Figure A-22 : Parallaxes horizontale (en haut) et verticale (en bas). La courbe en tirets est celle obtenue par notre calcul et les données fournies par Maïmonide sont en trait plein.

*Annexes*

**Annexe 9.** – Nous donnons ici une justification des coefficients introduits dans le paragraphe 10 du chapitre 17[18]. Dans la figure A-23, le point $O$ désigne le centre de la terre et la demi-droite $OL$ est dans la direction de la lune. La demi-droite $OC$ est la projection de $OL$ sur l'écliptique et l'angle $\widehat{COL}$ est donc compris entre -5° et 5° (voir annexe 6). $C$ est la projection du point $L$ sur l'écliptique et $Q$ et $Q'$ sont les projections des points $L$ et $C$ sur le plan équatorial. En définissant un référentiel ayant pour base, l'écliptique, un calcul de géométrie analytique nous donne la valeur de l'angle $\widehat{QOQ'}$ (dont l'expression – trop complexe – ne sera pas donnée ici).

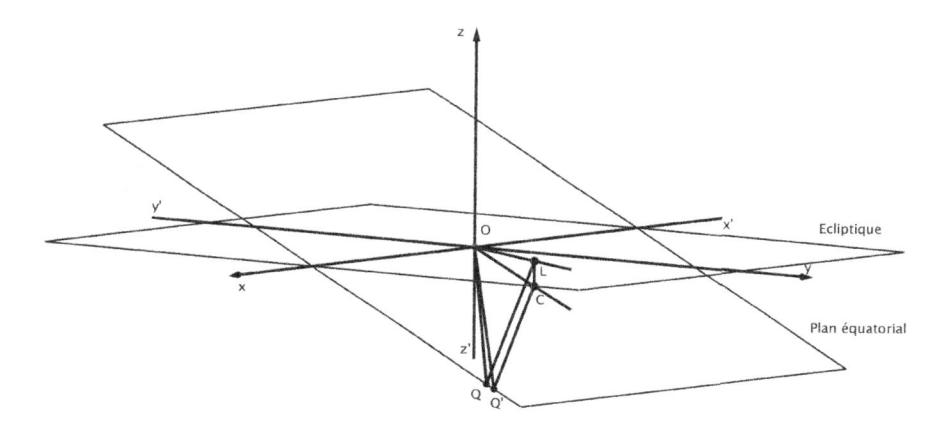

Figure A-23 : Décalage induit par les projections de la lune sur l'écliptique et le plan équatorial

Si nous appelons $\psi$ la valeur de $\widehat{QOQ'}$, $\varphi$ celle de $\widehat{COL}$ et $\theta$ la valeur de l'angle que fait la demi-droite $OL$ avec le début du signe du Bélier[19] (représenté ici par l'axe $Ox$) nous voyons que nous avons la relation :

$$\frac{\psi}{\varphi} \approx cste(\theta) \ (7).$$

---

[18] Ce modèle est aussi proposé dans le livre *Otam Bémoadam* de Y. Silberstein
[19] Cette variable parcourt donc les signes du zodiaque.

## La sanctification du mois

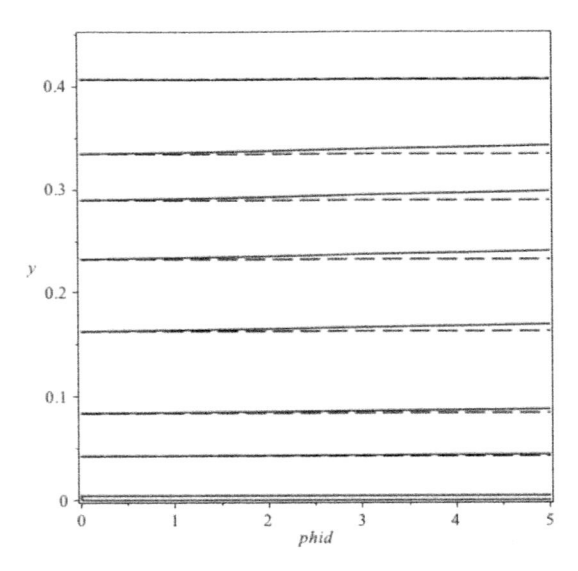

Figure A-24 : Valeurs (en trait continu) de $\psi/\varphi$ en fonction de $\varphi$ pour (de bas en haut) $\theta = 0°, 5°, 10°, 20°, 30°, 40°, 50°, 90°$. Le trait discontinu représente sa valeur pour $\varphi = 0.001$.

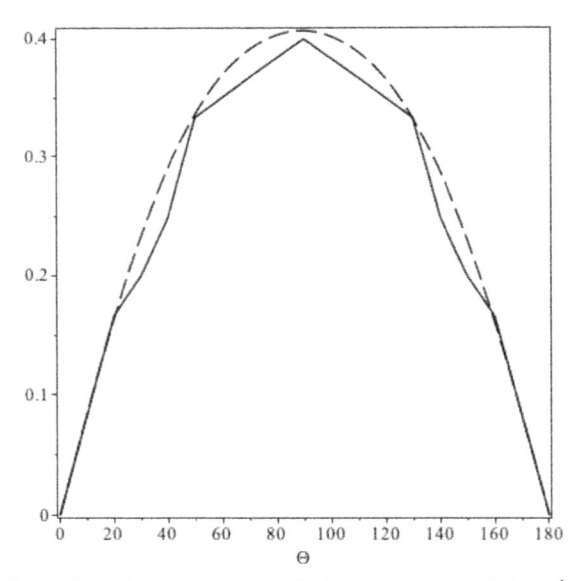

Figure A-25 : Valeurs données par Maïmonide (en trait continu) de $\psi/\varphi$ pour $\varphi = 1$ et $\theta$ allant de 0° à 180° et valeurs calculées (en trait discontinu). Les valeurs de 180° à 360° sont obtenues par symétrie.

*Annexes*

En d'autres termes, pour une valeur donnée de $\theta$, le rapport $\psi/\varphi$ ne varie pratiquement pas lorsque l'écart $\varphi$ entre l'écliptique et l'orbite de la lune varie de 0° à 5°. Cette propriété est représentée dans la figure A-24.
Les coefficients donnés par Maïmonide sont alors les valeurs moyennes de $\psi/\varphi$ dans chaque signe du zodiaque. Nous donnons dans la Figure A-25 la comparaison de ces coefficients avec les valeurs de $\psi/\varphi$ en fonction de $\theta$ pour $\varphi = 1°$.

**Annexe 10.** – La direction du soleil (et donc de la lune, qui est proche du soleil lors de son apparition) peut être obtenue par un calcul. Il faut, pour ce faire, d'abord définir l'horizon et ses directions. L'horizon, pour un observateur situé en un point du globe terrestre est une zone circulaire du plan tangent à la terre en ce point (Figure A-26)[20]. Le cercle de l'horizon définit les limites du champ de vision de l'observateur et donc le lieu des levers et couchers du soleil et de la lune. L'angle entre le point Nord de l'horizon et un point de ce cercle (dans le sens des aiguilles d'une montre) est appelé « azimut ». De par cette définition, le soleil ou la lune (ou toute autre astre) se trouve à l'ouest si son azimut est égal à 270°. Pour une valeur supérieure à 270°, il tendra vers le nord et, pour une valeur inférieure, vers le sud.

La relation entre l'azimut $Z$ d'un astre et son élévation $\delta$ au-dessus de l'équateur est donnée par la formule :

$$Z = \arctan\left(\frac{\cos(\delta)\sin(A_h)}{\sin(\varphi)\cos(\delta)\cos(A_h) - \cos(\varphi)\sin(\delta)}\right) \quad (8),$$

où $\varphi$ est la latitude de Jérusalem et $A_h$ est l'angle horaire, c'est-à-dire l'angle entre le méridien sur lequel se trouve Jérusalem et celui sur lequel se trouve l'astre (dans la sphère céleste). C'est en fait (pour le soleil) l'angle $\widehat{AOB}$ sur la Figure A-26. Le calcul de $A_h$ est assez complexe. Il est fondé sur le fait que la droite qui joint le centre de la terre au soleil (ou à la lune) est toujours perpendiculaire à celle qui joint le centre de la terre à Jérusalem lors du coucher du soleil (ou de la lune).

---

[20] Pour un homme de taille moyenne dans une plaine, le rayon de l'horizon est de 4,5km. Ce rayon augmente avec la hauteur de l'observateur. Ainsi, en haut de la tour Eiffel, l'horizon est à 62km.

*La sanctification du mois*

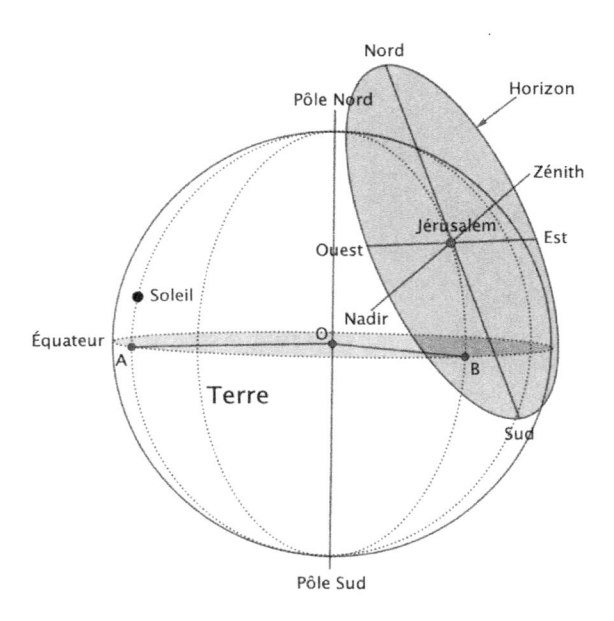

Figure A-26 : L'horizon et ses six directions pour un observateur situé à Jérusalem. Le Zénith et le Nadir sont les directions perpendiculaires au-dessus et au-dessous de l'horizon.

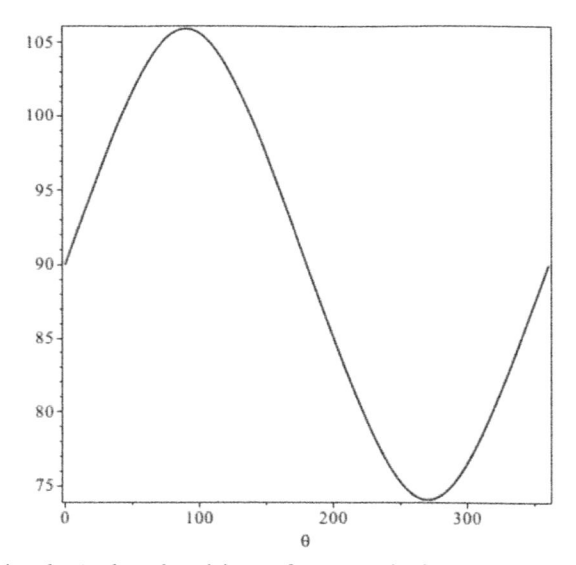

Figure A-27 : L'angle $A_h$ (en degrés) en fonction de la position $\theta$ du soleil dans l'écliptique (ou le zodiaque). On peut remarquer que cet angle est égal à 90° aux équinoxes ($\theta = 0°$ et $\theta = 180°$)

*Annexes*

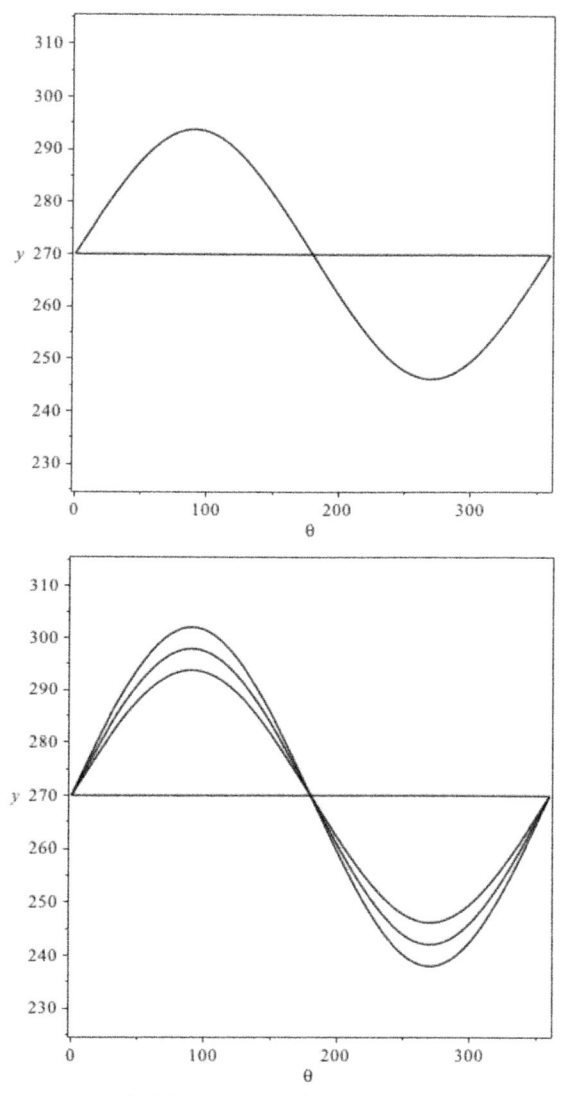

Figure A-28 : Azimuts du soleil (en haut) et du soleil et de la lune (en bas) pour ses élévations maximale (+5°, courbe supérieure) et minimale (-5°, courbe inférieure) par rapport à l'écliptique. Sur l'axe vertical, l'Ouest est à 270°, le Nord à 360° et le Sud à 180°. De ce fait, le Nord-Ouest est à 315° et le Sud-Ouest à 225°. Sur l'axe horizontal, nous voyons qu'aux équinoxes (0° et 180°), le soleil et la lune (lorsqu'elle est proche de l'écliptique) sont exactement à l'Ouest alors qu'ils tendent vers le Nord entre l'équinoxe de printemps et celle d'automne et qu'ils tendent vers le Sud entre les équinoxes d'automne et de printemps. Leurs tendances maximales étant aux solstices (90° et 270°). Ni le soleil, ni la lune n'atteignent le Nord-Ouest ou le Sud-Ouest. Une petite approximation est faite sur les courbes de la lune car, par souci de simplicité, on s'est placé au coucher du soleil et non de la lune.

La valeur de $A_h$ en fonction de l'angle $\theta$ que fait le soleil dans l'écliptique (qui détermine sa position dans le zodiaque à partir du début du signe du Bélier) est donnée dans la Figure A-27. Dans la Figure A-28, nous donnons les azimuts du soleil et de la lune en fonction de $\theta$, l'angle $\delta$ étant lui-même lié à $\theta$ par la relation (4), dans laquelle on a remplacé $c = \sin 5°$ par $c = \sin 23,5°$ pour le soleil et $c = \sin 28,5°$ et $c = \sin 18,5°$ pour la lune[21].

Pour conclure ces annexes, on donne différentes positions du soleil et de la lune – lors de son apparition – sur un planisphère dans la Figure A-29 et les croissants de lune correspondant dans la Figure A-30.

---

[21] Ces deux angles correspondent aux élévations maximales de la lune par rapport à l'équateur, sachant que la lune peut se trouver à au plus 5° au-dessus ou au-dessous de l'écliptique (qui est lui-même à au plus 23,5° au-dessus ou au-dessous de l'équateur).

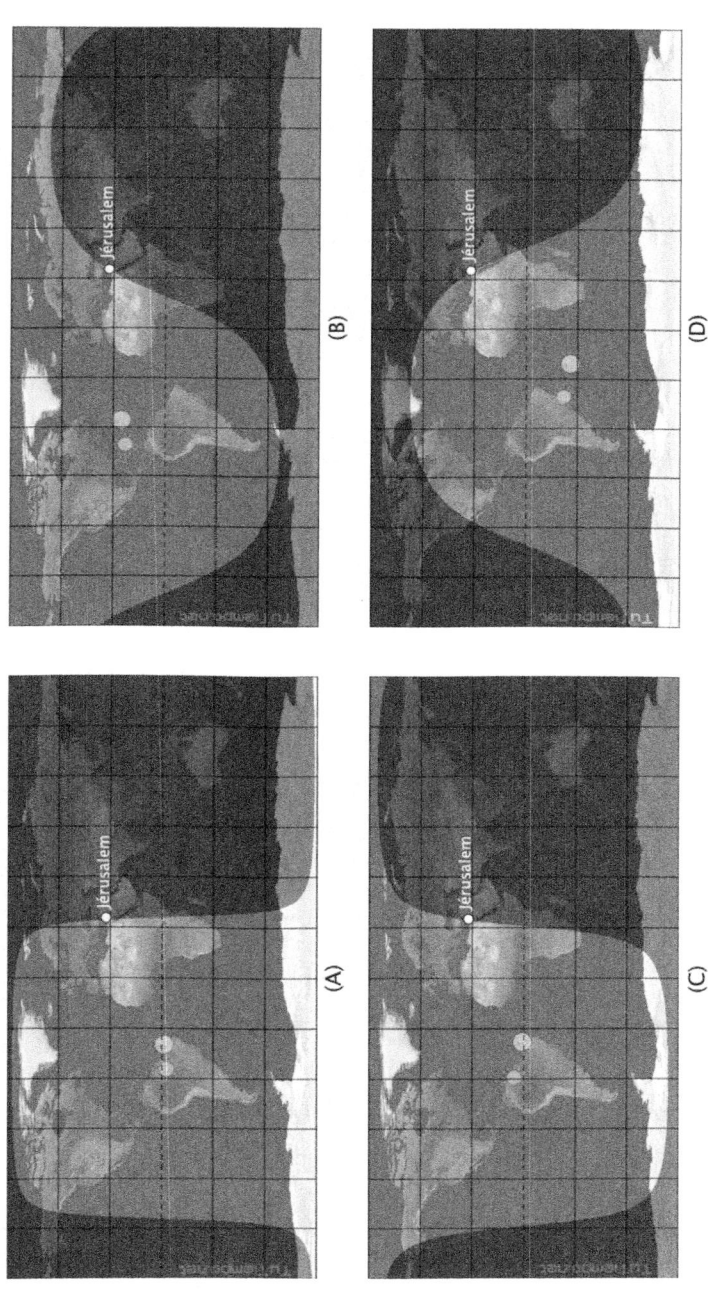

Figure A-29 : Ces quatre planisphères donnent les positions du soleil et de la lune – au coucher du soleil et de la lune – au coucher du soleil à Jérusalem – lors de l'apparition de la lune au début du mois de Nissane, le 14/03/2021 à 17h46 (A), du mois de Tamouz, le 11/06/2021 à 19h45 (B), du mois de Tichri, le 08/09/2021 à 18h54 (C) et du mois de Téveth, le 05/12/2021 à 16h35 (D). Deux lignes horizontales ou verticales sont séparées de 30° et l'équateur est la ligne en pointillés. Nous pouvons remarquer que le soleil est au niveau de l'équateur aux environs des équinoxes (Nissane et Tichri) et qu'il monte d'environ 24° vers le solstice d'été (Tamouz) et descend du même angle vers le solstice d'hiver (Téveth), selon l'inclinaison de l'écliptique. La position de la lune est plus complexe : elle est quelquefois au-dessus, quelquefois au-dessous du soleil avec un décalage d'au plus 5°. Dans les quatre cas, la lune est à l'est du soleil. Ces figures ont été obtenues sur le site TuTiempo.net.

*La sanctification du mois*

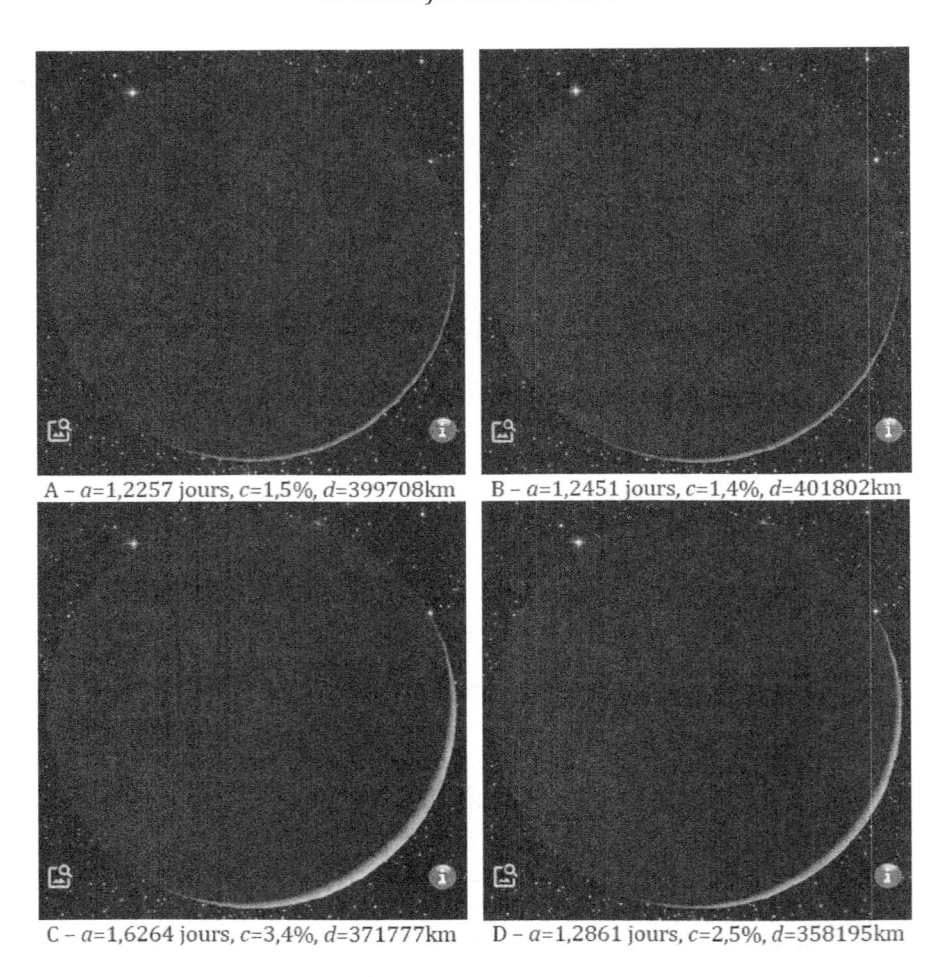

A - $a$=1,2257 jours, $c$=1,5%, $d$=399708km

B - $a$=1,2451 jours, $c$=1,4%, $d$=401802km

C - $a$=1,6264 jours, $c$=3,4%, $d$=371777km

D - $a$=1,2861 jours, $c$=2,5%, $d$=358195km

Figure A-30 : Aspect du croissant de lune correspondant aux quatre représentations du ciel (A-B-C-D) données dans la Figure A-29, observé à Jérusalem. $a$ est l'âge de la lune, $c$ le pourcentage de son croissant (voir l'Annexe 7 et sa note 12 des annexes pour ces définitions) et $d$ la distance entre les centres de la lune et de la terre. On peut remarquer que, pour des âges du même ordre, les pourcentages en B et D sont différents. Le pourcentage en D est plus important parce que la lune et plus proche de la terre et que, de ce fait, sa vitesse est plus grande d'après la loi des aires (Figure A-4). Il en résulte que l'âge de la lune est proportionnel à sa position moyenne et non à sa position vraie, qui est conditionnée par sa distance à la terre (voir à ce propos la note 13 de l'Annexe 7). Ces images ont été obtenues avec l'application Daff Lune

ב"ה

# Dédicaces

ברך ה' חילו ופועל ידיו תרצה (דברים לג-יא)

*Bénis, Seigneur, son effort et agrée l'action de ses mains*
*(Deutéronome 33:11)*

ב"ה

*Offert par*

*Simon BENSIMON*

*à la mémoire de sa mère*

*Hélène Esther*
*bat*
*Chalom Asseraf et Bida Lezmi* ז"ל

*et pour le mérite de sa famille*

ב״ה

*Offert par*

*Robert Shlomo BOUHNIK
et son épouse*

*à la mémoire de leurs parents*

*Hector Haï Chalom ben Shlomo Bouhnik* ז״ל

*Gilbert Gabriel ben Yaakov Lévy* ז״ל

*et pour le mérite de leurs enfants*

---

ב״ה

*Offert par*

*André LIPOVSKY
et son épouse*

*à la mémoire de*

*Hirsch Lipovski* ז״ל

*et pour le mérite de leurs enfants*

ב״ה

*Offert par
Albert AÏDAN*

*pour le mérite de*

*son épouse, ses filles, ses gendres, ses petits-enfants, sa mère,
ses beaux-parents,
ses sœurs et leurs maris*

*et à la mémoire de*

*Raoul Éliahou ben
Avraham Aïdan* ז״ל

---

ב״ה

*Que la diffusion de ce livre contribue à
l'élévation de l'âme de*

*Isaac Serge
ben Messaoud
BOKOBZA* ז״ל

*Puisse son mérite être une source de bénédictions*

*Offert par son épouse*

---

ב״ה

*Offert par
Bernard Chmouel GUEZ*

*pour le mérite de sa famille*

---

ב״ה

*Pour l'élévation de l'âme de*

*mon cher père
Chaya ben Mazal* ז״ל

*ma chère mère
Biba bat Fréha* ז״ל

*Mordékhaï ben Biba* ז״ל
*Mazal bat Biba* ז״ל

*Offert par Élie SUTTON*

Printed in Great Britain
by Amazon